WIE VIELE SKLAVEN HALTEN SIE?

*Evi Hartmann* ist Professorin für Betriebswirtschaftslehre, insbesondere Supply Chain Management, an der Friedrich-Alexander-Universität Erlangen-Nürnberg. Die Mutter von vier Kindern forscht und lehrt an der Schnittstelle zwischen Wissenschaft und Wirtschaft und ist Mitglied im Netzwerk Generation CEO für Frauen in Führungspositionen. Sie schreibt den Blog »Weltbewegend«.

Evi Hartmann

# WIE VIELE SKLAVEN HALTEN SIE?

Über Globalisierung und Moral

Campus Verlag
Frankfurt/New York

ISBN 978-3-593-50543-5  Print
ISBN 978-3-593-43344-8  E-Book (PDF)
ISBN 978-3-593-43358-5  E-Book (EPUB)

Copyright © 2016 Campus Verlag GmbH, Frankfurt am Main
Umschlaggestaltung: total italic, Thierry Wijnberg, Amsterdam/Berlin
Satz: Fotosatz L. Huhn, Linsengericht
Gesetzt aus: Scala und Scala Sans
Druck und Bindung: Beltz Bad Langensalza GmbH
Printed in Germany

www.campus.de

# INHALT

»Haben Sie sich jemals gefragt, warum das Offensichtlichste
am Schwersten zu erkennen und zu akzeptieren ist?«

*Susan Spira*

# VORWORT
# VOM ELEFANTEN IN UNSEREM WOHNZIMMER

Ich gestehe: Ich bin Professorin. An einer der traditionsreichsten Universitäten Europas. Ich bin also ein Mensch, der es von Berufs wegen besser wissen müsste. Ich bin auch ein Mensch, der unseren Kindern die Zukunft beibringen soll. Die Zukunft des totalen Konsums auf Knopfdruck. Genau das mache ich – lässt man die hochtrabenden akademischen Begrifflichkeiten und Anglizismen außen vor – mit meinen Studierenden Tag für Tag.

Ich ergründe mit ihnen zusammen, warum zum ersten Mal in der Geschichte der Menschheit ein Mausklick genügt, damit ein Kurier postwendend die erlesensten Güter direkt vor die Haustür bringt. Ich lebe den Faust'schen Traum. Ich lehre und erforsche, was unsere moderne Welt im Innersten zusammenhält: Supply Chain Management. Jene Disziplin, die früher Logistik hieß (und auf der operativen Ebene noch immer so heißt) und heute in enthusiastischen Leitartikeln als »Motor der Globalisierung« gefeiert wird; das schlagende, lebende, atmende Herz unserer konsumfreudigen Gesellschaft.

Würden morgen sämtliche Supply Chain Manager und operativen Logistiker in den Streik treten, wäre die Menschheit nur wenige Tage später immobil (ohne Benzin, ohne Ersatzteile), Wochen später in bürgerkriegsähnlichem Zustand, zwischendrin in Lumpen gehüllt und letztendlich weitgehend verhungert. Was moderne Menschen auch zum Leben brauchen: Wir bringen's ihnen! Eigentlich sollte ich stolz sein.

Doch wenn ich im Hörsaal vor jenen jungen Menschen stehe, die schon bald die Welt durch Konsum, Produktion, Beschaffung oder eben Versorgung regieren werden, plagt mich zunehmend das Gewissen. Ich erzähle 500 Studierenden etwas über die Agilität der Wertschöpfungskette und Supply Chain Risk Management – und in Bangladesch sterben tausend Näherinnen beim Einsturz ihres Endes der Versorgungskette.

Im Seminar diskutieren wir die ausgeklügelten technischen Voraussetzungen für den im E-Commerce inzwischen üblichen 24-Stunden-Lieferservice – aber wir reden nicht über die Wälder, die sterben, weil für diesen 24-Stunden-Service eine apokalyptische Flutwelle aus täglich Zehntausenden Kurierflitzern das Land und die Umwelt überschwemmen. Vielleicht reden wir sogar darüber, dass viele Studierende die Segnungen der Globalisierung am eigenen Leib erfahren: in Form von Jeans für 15 und T-Shirts für 3 Euro, die dank einer ans Wunderbare grenzenden Wertschöpfungskette direkt aus einem fernen asiatischen Land kommen. Und nur wenn wir Glück haben, jenseits jeder inhaltlichen Vorgabe eines Curriculums, wird von einem mutigen Studierenden per Zwischenruf vermeldet: »Ich trage keine Jeans, mit der asiatische Arbeiter ausgebeutet werden!« Dann frage ich mich: Warum wird diese im Sinne des Wortes weltbewegende Meinungsäußerung in Form eines Zwischenrufs selbst im Hörsaal von einem Großteil der angeblich so aufgeklärten Jugend sofort gedanklich ins Abseits geschoben und wieder zur Tagesordnung übergegangen? Warum wird dieser junge Kommilitone als »Rebell« wahrgenommen?

Weil er auf das deutet, was (fast) alle Manager, Politiker, Wissenschaftler, Konsumenten, Medientreibenden und Wähler mit geradezu neurotischer Verkrampfung täglich auszublenden versuchen: Er sieht den Elefanten im Wohnzimmer, um den jeder schweigend schlechten Gewissens herumschleicht, als sei es, na, eben ein unerklärliches, verängstigtes und beängstigendes Rüsseltier im Allerheiligen einer hektischen Konsumzivilisation. Nebenbei bemerkt: Wenn das bloße Erkennen eines Elefanten schon zum Rebellen stigmatisiert, dann, bitte schön, möchte ich auch einer sein. Und wenn Sie jetzt schon oder spätestens nach der Lektüre dieses Büchleins auch zu diesem erlesenen Kreis gehören, würde ich mich freuen und Sie herzlich begrüßen wollen – im Namen der Kinder dieser Welt, denen wir in allerbester Absicht einen Scherbenhaufen hinterlassen. Im Namen jener Lohnsklaven in den Schwellenländern, die nachts in Ställe gepfercht wie Vieh das Nahen eines weiteren Knochenjobtages in überhitzten, brandgefährlichen Sweatshops erwarten: unsere Sklaven, Ihre und meine. Im Namen der Bäume, des Klimas und – falls es das gibt – im Namen eines wohlwollenden Universums.

Das ist keineswegs zu hoch gegriffen, sondern exakt der Grund, warum wir als aufgeklärte und an den Rand des Abgrunds zivilisierte Gesellschaft momentan knietief im moralischen Morast stecken: Wir greifen zu tief. Jedes Mal, wenn wir als Konsumenten die günstigere Ware unten aus dem Supermarktregal holen, und jedes Mal, wenn wir als Manager in Schwellen- und Entwicklungsländern mit offensichtlich schlechten Arbeitsbedingungen ordern. Wir vergessen dabei etwas. Wir vergessen »das große Ganze«, eben weil es wie der Elefant im Wohnzimmer ein so selbstverständlich ignoriertes Phänomen geworden ist, dass Sie in Trainings zum Management Development nur die Worte »ganzheitlich« oder »vernetztes Denken« fallen lassen müssen, damit der Auftraggeber Sie schief von der Seite anschaut. Er möchte genauso wenig wie wir daran erinnert werden, dass wir etwas Monumentales vergessen haben.

Wenn wir als Manager das T-Shirt für 3 Euro im Osten beschaffen oder als Käufer im Westen überstreifen, denken wir – natürlich – ans Hemd, an den Morgenkaffee und den kommenden Arbeitstag. Den Rest des Universums vergessen wir – der selektiven Wahrnehmung sei Dank. Ignorieren wir für einen Augenblick, dass sich die Welt inzwischen zu rächen beginnt – mit Klimakatastrophen und Flüchtlingsströmen, mit Umweltzerstörung und sozialen Konflikten in der Größenordnung von Bürgerkriegen. Konzentrieren wir uns ganz nach wissenschaftlicher Vorgehensweise ceteris paribus nur auf den einen Parameter: unsere Vergesslichkeit. Was vergessen wir, wenn wir mit einem T-Shirt handeln oder es konsumieren?

Wir vergessen die Kehrseite des T-Shirts. Nun gibt es Vergessen und Vergessen. Wir vergessen täglich einiges: Wo die Brille liegt oder der Autoschlüssel. Wir verträumen den Abgabetermin für ein amtliches Formular oder verschwitzen, das Kind vom Fußballtraining abzuholen. Wenn wir diese Akte des Vergessens als Lappalien bezeichnen wollen, dann ist das vergessliche Beschaffen und Überstreifen von in Sweatshops von Lohnsklaven gefertigter Kleidung ein Akt der Grausamkeit. Diese Art des Vergessens ist sträflich, unsozial und fatal für die Menschen am anderen Ende der Versorgungskette. Dieses Vergessen ist unmoralisch, geradezu barbarisch, und – nach meiner Meinung – die schlimmste derzeit ausgeübte Unmoral der Welt. Es geht nicht um die Globalisierung an sich. Sondern um deren Gebrauch. Damit keine Missverständnisse entstehen: Die Globalisierung ist ein Segen für beide Enden und alle Elemente der Wertschöpfungskette.

Im Namen der Globalisierung jedoch geschieht ein Verbrechen an der Menschheit. Und damit meine ich nicht nur jenen Teil der Menschheit, der für unseren Konsum im Sinne des Wortes mit seinem Leben bezahlt (Motto: »Nähen, bis der Tod kommt!«). Das ist das Schreckliche und zugleich paradox Irrsinnige an der derzeit praktizierten Globalisierung: Wir zahlen *alle* drauf! Die da unten ebenso wie wir hier oben. Sie bezahlen mit ihrer körperlichen und wir mit unserer moralischen Gesundheit. Denn so umfänglich wir auch die technischen Abläufe der Globalisierung verstanden haben, eines haben wir nicht verstanden: Produktion kann ausgelagert werden, Moral nicht. Und eine persönliche Moral ist ebenso wenig an »die Politik« oder ans Internet delegierbar.

Exakt dies versuchen wir jedoch seit über 30 Jahren mit einer Vehemenz, die früher nur in Weltkriegen an den Tag gelegt wurde. Wir versuchen, zusammen mit den outgesourcten Kosten-, Umwelt- und Sozialeffekten auch unsere moralische Verantwortung den Lieferanten und Herstellern in fernen Ländern an den Hals zu hängen.

Aber genau das funktioniert nicht. An exakt diesem Punkt scheitert die Globalisierung moralisch und mit ihr die moderne Wirtschaft, die angeblich zivilisierte Gesellschaft, unser Bildungssystem und die zunehmend hilflos-hektisch agierende Politik mit einer Wucht kindlicher Naivität, die in ihren Folgen für unser moralisches Verständnis einer

Bankrotterklärung unserer Intelligenz, der völligen Entwertung unserer ethisch-moralischen Grundsätze und der Auslöschung unserer geistig-seelischen Existenz gleichkommt. Wir produzieren und konsumieren uns um Kopf und Kragen: Wirtschaften und konsumieren wir noch zehn Jahre so weiter wie bisher, ungebremst und unmoralisch, werden wir schließlich einen Grad gesellschaftlicher Degeneration und seelischer Verwahrlosung erreichen, gegen die Dantes Inferno wie ein Kindergeburtstag mit lustigen Hüten anmutet. Das kann keiner wollen. Daher: Verbieten wir die Globalisierung mit sofortiger Wirkung! Stellen wir sie unter Strafe! Boykottieren wir sie! Treten wir in den Konsumstreik – zur Not hilft auch Auswandern. Nieder mit der Globalisierung!

Und dann?

»The hardest thing to explain is the glaringly evident
which everybody has decided not to see.«

*Ayn Rand, The Fountainhead*

»Schon im 14. Jahrhundert stöhnten die Scholastiker,
es sei einfacher, die Trinität zu beweisen,
als den Kaufleuten auf die Schliche zu kommen.«

*Prof. Horst Albach, BWL-Grandseigneur*

# 1 DAS SPIEL, BEI DEM WIR ALLE VERLIEREN

Nieder mit der Globalisierung! Ich schlage vor, das dümmste Spiel
aller Zeiten abzuschaffen. Im Ernst?

Das wäre nur logisch: Wenn wir alle dabei verlieren, dann ist die
Beendigung der Globalisierung geradezu zwingend geboten. Ist die
Globalisierung ein »Spiel«, bei dem die Lohnsklaven Freiheit, physische
Gesundheit und ihr nacktes Leben verlieren und wir unsere geistige
Gesundheit, soziale Bindung und moralische Integrität, dann gehört
so ein Spiel doch einfach abgeschafft. Rundheraus. Kategorisch. Ich be-
glückwünsche jede(n) Studierende(n), der oder die im ersten Semester
mit dieser spontanen Wortmeldung herausrückt. Im zweiten Semester
höre ich diesen Appell zur Abschaffung des »dümmsten Spiels des Jahrhunderts« schon deutlich seltener. Nicht weil die Studierenden – wie
wir alle – von den bösen Herren des Spiels zur stumpfsinnigen Lethar-
gie gleichgeschaltet worden wären. Sondern weil sich erste Zweifel an
der Machbarkeit der Globalabschaltung regen.

Zweifel wie: Gesetze kann man abschaffen, Parlamente auflösen, Regierungen abwählen – aber die Globalisierung? Wie denn? Zum Beispiel per Konsumstreik? Ich glaube nicht, dass sämtliche 14-Jährigen auf
Kommando diese süßen Glitter-Oberteile in den Farben der Saison oder
das nächste coole Smartphone im Laden liegen lassen, bloß weil sie das
Spiel, das sie damit versorgt, als »blöd« erkannt haben. Oder wie wäre es
alternativ mit einem Boykott der Globalisierung, also einer Rückbesinnung

auf regionale Produktion und Versorgung? Dafür müsste man schon Dieselkraftstoff, Benzin und Kerosin verbieten. Dann würde der Gütertransport zusammenbrechen. Ebenfalls ein ziemlich unwahrscheinlicher Spielausgang. Aber solche Gedanken kommen uns, sobald die komplex verzwickte Konstellation des Globalisierungsspiels klarer wird.

Wann immer in fernen Landen eine Fabrik brennt, einstürzt oder ihre Arbeiter in Umständen hält, die dem Sklavenelend im alten Rom bedrückend nahe kommen, geistert in unseren Hinterköpfen herum: Das kann doch nicht! Das darf nicht! Das muss man abstellen! Tote Fabrikarbeiter sind eine schlimme Sache, und wie bei allen solchen schlimmen Dingen glauben viele, dass man das schlimme Ding einfach abstellen könne.

Stehlen die Leute im ersten Warenhaus der Geschichte, kann man Diebstahl verbieten und hat gute Chancen, dass das Verbot eine deliktabwehrende Wirkung hat: triviales Problem – triviale Lösung. Leider ist die Globalisierung alles andere als trivial. Sie ist so ziemlich das Komplexeste, was derzeit für Geld zu haben ist. Selbst der Begriff der Komplexität ist zu einfach dafür. Die Globalisierung ist nicht komplex, sondern, wie das neueste Modewort aus dem Tempel der Ökonomen es beschreibt: dynax. Also dynamisch *und* komplex; mit Betonung auf der zweiten Silbe.

> »Kapitalismus ist eine wunderbare Sache. (...) Aber Kapitalismus interessiert sich sicher nicht für die Belange der Ärmsten.«
>
> *Bill Gates*

Als Marken-Metapher für die Globalisierung passt noch besser als der Diebstahl im Warenhaus die Büchse der Pandora. Ist der Deckel erst mal ab, gibt es kein Zurück mehr. Und nichts führt diesseits des globalisierungsbeendenden Zusammenbruchs der westlichen Produktionssysteme, des Versiegens der Ölreserven, von Pandemien und der globalen Verarmung zurück in den Stand der globalisierungslosen Lauterkeit. Oder wie Kleist es in seinem Aufsatz über das Marionettentheater sagte: Nach dem Sündenfall gibt es keine Rückkehr zur Unschuld.

Wir werden die Globalisierung so schnell nicht los. Sie klebt uns an den Sohlen wie Kaugummi. Die Frage ist nicht, wie wir Pandoras Büchse wieder schließen können. Sondern: Was fangen wir mit dem an, was ihr entkam? Wie viel in China hergestelltes Spielzeug dürfen wir guten Gewissens unseren Kindern schenken? Gehen Sandalen aus Bangladesch? Kann man heutzutage überhaupt noch irgendetwas beschaffen oder konsumieren, ohne sich eines kapitalen Moralverbrechens schuldig zu machen? Das sind Fragen, die der aufgeklärte Zeitgenosse stellen könnte, Fragen, mithilfe deren wir etwas intelligentere Resultate aus einem dummen Spiel herausholen könnten. Wir stellen sie mehrheitlich nicht, weil wir meinen, dass sich die Umstände doch inzwischen bessern.

»Immerhin sterben heute weniger Billiglohnarbeiter als früher«, erklärte mir jüngst ein freundlicher Zeitgenosse zum Stand des Wohlergehens »seiner« Produktionssklaven in den Schwellenländern. Zum einen: Das muss man sich auf der Zunge zergehen lassen, da muss man »reingetreten« sein, wie Tucholsky sagte: Es sterben *weniger* Menschen für unseren Konsum? Als ob ein Toter doppelt so gut wäre wie zwei Tote. Was ist das für eine buchhalterische Verirrung, so mit Menschenleben umzugehen? Und zum anderen: Warum zeitigen die Bemühungen der Hersteller, Lieferanten und Logistiker tatsächlich in den letzten Monaten messbare Verbesserungen? Warum sterben »weniger« Menschen für das, was wir täglich anziehen? Weil sich nun doch wider Erwarten die Menschlichkeit in der Globalisierung durchsetzt? Weil das dumme Spiel intelligenter wird? Mitnichten. Es liegt nicht an der Intelligenz, es liegt am Druck.

Die Savar-Katastrophe illustriert das Spielprinzip »Druck statt Moral« auf traurige Weise. Bevor in der Stadt in Bangladesch mehr als 1 100 Arbeiterinnen und Arbeiter ums Leben kamen, hatten von den großen Modelabels lediglich Tommy Hilfiger, Calvin Klein und Tchibo ein qualifiziertes Abkommen für Gebäudesicherheit und Brandschutz unterschrieben, das bei der Umsetzung dann leider teilweise von den lokalen Lieferanten unterlaufen worden war. »Die anderen spielten auf Zeit – bis ihnen die Arme der Toten aus den Trümmern der Fabriken entgegenragten«, kommentierte Karin Steinberger in der *Süd-*

*deutschen Zeitung.* »Plötzlich war es sehr schlecht fürs Geschäft, nicht zu unterschreiben.«

Also unterzeichneten auch andere westliche Textiler ähnliche Vereinbarungen. Wir dürfen vermuten: Seither sterben weniger Menschen pro rundgestrickter Unterhose. Warum? Weil sich endlich die Moral durchgesetzt hat? Leider ist dies höchstens dann der Fall, wenn man Druck und Angst als Instrumente der Moral interpretiert. Steinberger: »Es war der Druck der Öffentlichkeit, die Wut der eigenen Kunden, die Angst vor Gewinnverlust, die Macht der Käufer. Nicht etwa Einsicht oder Mitgefühl.« Das ist der springende Punkt, das beherrschende Prinzip des Spiels: Es geht nicht um Moral, sondern höchstens um moralische Empörung und damit doch wieder nur um blanken Druck.

Die Globalisierung braucht keine Moral. Sie arbeitet mit dem Gegenteil: Druck. Die Hersteller ordern unter dem Preisdruck des Marktes bei den Sweatshops statt bei einheimischen Textilfabriken. Die Arbeiter in den Sweatshops arbeiten unter dem Druck ihrer schrecklichen Armut. Die Konsumenten als »Opfer« des allgegenwärtigen Konsumdrucks protestieren unter dem Druck der Bilder von zertrümmerten Fabriken. Die Hersteller reagieren auf diesen Druck der Öffentlichkeit, den die Medien unter dem Druck schrumpfender Auflagen sensationsbewusst schüren. Wenn die Logistik der Motor der Globalisierung ist, ist Druck der Motor der globalen Wirtschaft.

Druck regiert und reguliert die Globalisierung. Nicht Politik, Einsicht, Vernunft und nicht: Moral, Menschlichkeit, Fairness, Nachhaltigkeit oder – Gott bewahre! – der gesunde Menschenverstand. Ich habe Hunderte Berichte über die Zustände entlang moderner Liefer- und Versorgungsketten gelesen. Moral? Nicht einmal das Wort taucht auf. Medien berichten über Massenmord und Kinderschänder und empören sich moralisch. Über eine gefestigte moralische Haltung oder dezidierte moralische Grundsätze, die dieser Empörung eigentlich Anlass geben sollten, liest man eher selten.

## Das letzte Tabu

Warum kennt die Globalisierung keine Moral? »Was weiß ich?«, entgegnete mir ein Vorstandsmitglied jüngst eher hilflos als unwirsch: »Ich bin auch kein Moralphilosoph!« Ein interessanter Hinweis.

Hat die Wirtschaft quasi hinter dem Rücken der Wirtschaftsprofessoren klammheimlich die Moral an die zuständigen Lehrstühle für Philosophie outgesourct? Gewiss: Auch mir ist bewusst, dass es fähige Kolleginnen und Kollegen unter den Moralphilosophen und -theologen gibt. Diese Experten mögen mir meine Kühnheit verzeihen, in ihrem angestammten Revier zu wildern.

Aber dass das Thema »Ethik & Moral« bis heute nicht wirklich großflächig in die real praktizierte Wirtschaft vorgedrungen ist, lässt es zumindest verzeihlich erscheinen, wenn sich zur Abwechslung jemand aus der Ökonomie mit diesem Thema beschäftigt. Viel mehr Schaden als bereits vorhanden kann ich wohl kaum anrichten. Das ist der Punkt: Der Schaden ist da, aber es werden nur Symptome diskutiert. Die Ursachen des Schadens unterliegen der Tabuisierung.

Die Fabrik ist abgebrannt, die Fassade rußschwarz, Menschen und Maschinen verbrannt – wie schlimm! Wie katastrophal! Wie mitleidheischend! Aber warum hat die Fabrik gebrannt? Sendepause in der Diskussion.

Natürlich: Brandschutz und Arbeitsbedingungen! Unmenschlich, entwürdigend! Aber keiner fragt danach, welcher Antrieb hinter dieser Unmenschlichkeit steckt. Oder danach, was im Kopf eines Einkäufers vorgehen muss, der durch ein Heer von Lohnsklaven watet und dann am andern Ende des Saals im gut klimatisierten Büro des Fabrikanten die Order für 50 000 Pressteile unterschreibt. Welches Gen fehlt ihm? Warum spielt er das Spiel so, wie er es spielt?

Und auf der Seite der Konsumenten: Was muss ein Mensch denken oder besser: wie viel verdrängen, der morgens von hundert toten Näherinnen hört und nachmittags beim Klamottendiscounter den Pulli aus Bangladesch kauft?

Macht es der BWLer als »Spielprofi« denn besser als der Konsument als Laienspieler? Auch das ist nicht der Fall.

Fragen Sie einen BWL-Absolventen einmal nach, nein, nicht nach *seiner*, sondern nach *der* Moral. Er wird Sie groß anschauen. Er weiß das nämlich auch nicht besser als Sie, der Sie in Ihrer Funktion als Konsument das Spiel sozusagen mit Amateurstatus spielen. Natürlich: Es gibt Ausnahmen – aber häufig eben leider aus persönlichen und nicht aus curricularen Gründen.

In der Betriebswirtschaftslehre lernt schon das Erstsemester den entscheidenden Unterschied: Es gibt ökonomische und es gibt »außerökonomische« Kriterien. Die Ökonomie beschäftigt sich, daher der Name, mit den ökonomischen. Raten Sie, zu welcher Kategorie Moral und Anstand gehören.

Polemisch ausgedrückt: Der voll ausgebildete Betriebswirtschaftler kommt mit seinem Bachelor oder Master in der Tasche von der Uni, angelt sich den ersten Job, arbeitet sich nach oben, managt seine Supply Chain und ist eines unschönen Tages perplex, wenn eine Fabrik in Malaysia einstürzt. Er kann diese eingestürzte Fabrik agil und flexibel durch eine Second Source ersetzen, wie das in der Fachsprache heißt: Er beherrscht das Spiel perfekt. Aber er schläft nachts schlecht – und weiß nicht, warum.

Medien, Politiker, Internet und seine 14-jährige Tochter nennen ihn einen »Ausbeuter« – und er fühlt sich unschuldig verfolgt. Er weiß, dass er ohne eigenes Zutun plötzlich in der Moral-Arena gelandet ist – aber von Moral hat er keine Ahnung. Niemand hat sie ihm beigebracht! Kein Professor hat einen Ethik-Schein von ihm verlangt. Ja, klar, in Wirtschaftsgeschichte haben sie mal die »Tugenden des ehrbaren Kaufmanns« durchgenommen. Oder der legendäre Moral-Aufsatz von Horst Albach stand auf der Literaturliste vom Proseminar – aber hey! Das war Wirtschafts*geschichte*, und kein Studi liest die Literaturliste bis unten durch! Moral? Nie gehört, nie gelesen, nie wirklich drüber nachgedacht. Und wohl auch nicht im Elternhaus diskutiert, geschweige denn gelebt. Das war bislang nicht weiter schlimm?

Weil erst die Globalisierung die peinliche Morallücke unserer Wirtschaftslenker und Massenkonsumenten offenbarte? Das wäre schön.

## Im Namen der Grausamkeit

Das mag viele angesichts der auflaufenden Globalisierungskritik erstaunen, aber: Das grausame Spiel ist viel älter. Wer die Globalisierung unserer Zeit für die Mutter der Amoral hält, hat noch nie von Mobbing gehört. Oder von Squeezing. So heißt der Fachbegriff für eine Praxis, die lange vor der Globalisierung direkt vor unserer Nase praktiziert wurde – und wird. Wörtlich übersetzt: Squeezing ist, den Lieferanten so lange und heftig im Preis zu drücken, bis er wie eine ausgepresste Zitrone nicht mehr kann, schließlich in die Insolvenz geschickt und durch einen neuen ersetzt wird. Es gibt Unternehmen, die beherrschen das Auspressen ihrer Zulieferer perfekt. Lieferanten-Squeezing gab es schon immer, und es passiert heute noch jeden Tag, auch bei Ihnen und mir vor der Haustür. Auch das war schon ein grausames Spiel. Der einzige Unterschied zur Globalisierung: Sie »spielt« dieses Leitmotiv nun auf der globalen Weltbühne.

Doch schon vor der Globalisierung trugen wir Socken und benutzten Haushaltsgeräte, für deren Herstellung irgendein armer *einheimischer* Lieferant jahrelang systematisch in den Ruin getrieben wurde. Besuchen Sie auf der Schwäbischen Alb doch gelegentlich die vielen Hundert Fabrikruinen der Textilindustrie. Das *weiß* in den betreffenden und betroffenen Unternehmen auch jeder. Das *sagt* bloß keiner laut, denn das ist ein Tabu. Oder haben Sie den Ausdruck »Lieferanten-Squeezing« jemals in Ihrer Tageszeitung gelesen? Oder von Ihrem Kreis- oder Landtagsabgeordneten gehört? Warum wohl nicht?

Gehen Sie ins nächste Industriegebiet, werfen Sie einen Ziegelstein, und Sie treffen drei Lieferanten, deren Arbeitsplätze am seidenen Faden des durch Squeezing ultimativ optimierten Preisdrucks hängen. Wenn diese ausgepressten Firmen dann bei der nächsten Konjunkturdelle »plötzlich« insolvent werden, munkelt man üblicherweise von »Missmanagement« oder »Marktbereinigung«. Keiner erkennt oder sagt die Wahrheit: Das war ein astreiner, jahrelanger, preisbedingter Wind-down, eine inoffizielle, aber höchst wirksame Stilllegung des Unternehmens samt seiner Arbeitsplätze. Und niemand redet darüber, ob und wie das mit dem Terminus »Soziale Marktwirtschaft« vereinbar ist.

Oft wissen nicht einmal die Mitarbeiter der eliminierten Firmen, warum der Chef ihr Gehalt nicht mehr bezahlen kann. Platzt dem ruinierten Unternehmer irgendwann der Kragen und er klagt jene an, die ihn ruiniert haben, hört er regelmäßig was?

Richtig: »Aber wir stehen doch selbst unter immensem Preisdruck!« In Spielbegriffen formuliert: »Wir spielen doch alle dieses Spiel! Also beschwer dich nicht, wenn du verlierst!« Das stimmt. Dass wir alle unter Preis-, Kosten- oder Budgetdruck »spielen«, ist absolut richtig – aber seit wann befreit Preisdruck von Moral? Bloß weil das Spiel das so gebietet? Man kann sich doch nicht bloß dann moralisch verhalten, wenn die Kasse gut gefüllt ist. Es ist eher umgekehrt: Erst wenn die Kasse leer ist, zeigt sich die Moral. Aber sie zeigt sich im wirklichen Leben eben nicht. Es zeigt sich etwas ganz anderes.

## Der Vater der Globalisierung ...

Wer beim Einkauf vor gefüllten Supermarktregalen oder E-Commerce-Warenkörben steht/sitzt, bekommt unterschwellig den Eindruck: Die Globalisierung ist das El Dorado des Konsumenten! Das ist ohne Frage ein Zusammenhang, aber kein ursächlicher. Nicht Konsumwut war der Vater der Globalisierung. Nicht sie hat das Spiel ins Rollen gebracht. Schon Adam Smith hat das erkannt, als er gesagt haben soll, dass der Bäcker uns nicht die leckeren Brötchen backt, weil er uns so lieb hat, sondern weil seine Frau ein neues Auto braucht (in heutigen Konsumäquivalenten ausgedrückt).

Es gibt eben keinen gütigen Vater, der irgendwann sagte: »Lasset uns die Schätze der Welt dem braven Konsumenten erschließen! Lasset das große Globalisierungsspiel beginnen und möge der Bessere gewinnen!« Die Globalisierung ist kein Kind des Konsums. Sie ist der Sprössling eines Sklavenhalters.

Ich weiß: Die Entstehung der Globalisierung hat nicht nur eine Ursache. Jedes Elend hat viele Väter. Konzentrieren wir uns daher ceteris paribus, unter gleichen Umständen, auf einen: Squeezing.

Zugespitzt formuliert: Nicht die Mehrung der Konsumfülle war der

Auslöser für die Globalisierung, sondern das Elend der Lieferanten und der Squeezing-Koller der Preisdrücker. Die immer schlimmer ausgepressten westeuropäischen Lieferanten sagten sich in ihrer Not irgendwann: »Bevor wir uns an der heißen Preiskartoffel die Finger vollends verbrennen, geben wir sie weiter – nach Asien!« Während die Squeezer auf der anderen Seite des Marktes dasselbe aus anderen Beweggründen sagten: »Europäische Lieferanten? Ausgepresst! Wie Flasche leer! Wegwerfen und auf zu neuen Ufern!« Es ist so einfach: Die Squeezer-Karawane zieht weiter!

Das ist so augenfällig, aber keiner will es sehen: Globalisierung ist die Fortsetzung des einheimischen Lieferanten-Squeezing, in fremden Ländern. Globalisierung ist exportiertes Squeezing. Imperialismus via Preismechanismus. Früher musste man noch mit Panzern ein Land erobern, heute muss man lediglich das Spiel exportieren. In der Betriebswirtschaftslehre oft verschämt verschwiegen, ist der fatale Zusammenhang in der Volkswirtschaftslehre bekannt. Dort heißt diese Strategie der Globalisierung jedweder externer Effekte im weitesten Sinne schlicht: Beggar thy neighbour.

## ... und ihr Schutzpatron

Passenderweise lässt sich deshalb der heilige St. Florian als Schutzpatron der Globalisierung benennen. Das ist zwar polemisch, entspricht aber dem geläufigen Sprichwort: Heiliger St. Florian, verschon' mein Haus, zünd' andere an!

Denn das derzeit herrschende Prinzip globalen Wirtschaftshandelns ist ja: Wem die Preislast im Westen zu schwer wird, der hängt sie einfach seinem nichts ahnenden Nachbarn in Asien in Form von Orders, Outsourcing oder Offshoring an den Hals – und bringt ihn damit an den Bettelstab. Eine moderne, andere Form der Beggar-thy-Neighbour-Politik: angestrebtes Wirtschaftswachstum auf Kosten anderer. Wer hierzulande und auch in ganz Westeuropa keinen mehr findet, der sich squeezen lässt, zieht weitere Kreise, bis er endlich auch den Schwellenländern die Segnungen des irrsten

Spiels des Jahrhunderts bringen kann. Das ganze schöne Schnee-ballsystem der Druckweitergabe lässt sich dann euphemistisch unter »Globalisierung« zusammenfassen.

Ich möchte den kennenlernen, der diese beschönigende Beschreibung erfunden hat – ein wahres Marketing-Genie. Das verhält sich in un-gefähr so, als würde man die neueste Grippe-Epidemie als »modernen neuen Freizeitspaß« bezeichnen. Kein Mensch würde hinter einem Begriff wie »Globalisierung« doch das exportierte Elend vermuten: Es geht uns wenigen hierzulande nur deshalb so gut, weil es ganz vielen woanders so schlecht geht. Das ist unmoralisch? Nein, das ist direktes Resultat des obersten Spielprinzips: Druck.

Über den Daumen gerechnet eineinhalb Milliarden privilegierter Menschen im Westen konsumieren rund 80 Prozent aller Güter dieser Welt. 80 Prozent der Menschheit kriegen nur den kümmerlichen Rest auf den Teller. Das ist ungerecht? Im Grunde bestätigt das nur das Pareto-Prinzip.

Und Pareto regiert unser Leben. Zählen Sie selber nach. Mit 20 Prozent Ihrer Bekannt- und Verwandtschaft verbringen Sie 80 Prozent Ihrer Zeit. Die mehrheitlichen 80 Prozent Ihrer Verwandtschaft sehen Sie nur beim Geburtstag vom Erbonkel, bei Taufen und Beerdigungen. Das wissen wir. Wenn es um Verwandtschaft geht. Wenn es um die Globalisierung geht, vergessen wir den guten Pareto recht schnell und dass im Prinzip 20 Prozent der Menschheit – wir – 80 Prozent des Wohlstands annektiert haben, sodass 80 Prozent der Menschheit – die anderen – mit nur 20 Prozent der Güter der Welt in die Röhre schauen. Leidet der westliche Manager darunter oder der Konsument?

## Selbst profitgierige Manager leiden

Ich rede gern mit Managern über Moral. Gewiss: Es gibt die harten Hunde, die nicht nur keinerlei Gewissensbisse verspüren, wenn sie irgendeinen armen asiatischen Schlucker bis auf die Knochen aus-pressen, sondern die außerdem noch ein Fass aufmachen: »Das spart uns wieder 20 000 auf den kompletten Auftrag! Der Bonus ist sicher!«

Es mag sich uns »Normalen« der Magen dabei umdrehen – aber so-lange Bewerbergespräche ohne Ethik-Screening geführt werden und solange der CPO, der oberste Einkäufer einer Firma, meist mit Vor-standsrang, dem Preisdrücker seinen Bonus mit Handschlag aus-händigt, gleicht die Wirtschaft dem Halter eines scharf gemachten Dobermanns, der die Aufregung der Leute nicht versteht, wenn sein Hundchen Joggern an die Wade geht. Wo gehobelt wird, da fallen Späne. Wer den Sumpf trockenlegen will, darf nicht die Frösche fragen.

Es gibt einen ganzen Duden dieser Floskeln, mit denen die Scharfmacher im Management ihre Unmoral bemänteln. Auch wenn die Öffentlichkeit von der veröffentlichten Meinung gerne eines anderen indoktriniert wird: das sind die Ausnahmen, die schwarzen Schafe – auch wenn die schwarzen Schafe auffällig oft prominent sind. Die Mehr-heit der Manager ist sich im Gegensatz zur Mehrheit der Konsumenten durchaus täglich bewusst, welche Gräuel im Namen der Globalisierung begangen werden. Was nutzt ihnen dieses aufgeklärte Bewusstsein? Was fangen sie damit an? Sie denken sich den Schiller (Wallenstein):

»Leicht beieinander wohnen die Gedanken,

Doch hart im Raume stoßen sich die Sachen.«

Ein Manager kann in Gedanken an der Unmoral der Globalisierung leiden, doch in seinem Verhalten weiter an der geübten Unmoral fest-halten. Eben weil er in dem Dilemma feststeckt, das Schiller beschreibt. Betrachten wir den typischen Manager.

## Das wegdefinierte Dilemma

Ein Manager, 43, verheiratet, zwei Kinder, in seinem Unternehmen zuständig für Asien-Pazifik, zeigt Moral: »Ich würde ja gerne unserem Lieferanten in Bangladesch eine funktionierende Sprinkleranlage bezahlen – aber von welchem Geld? Der Vorstand erwürgt mich!« Moral vs. Moneten. Ein Dilemma.

Die grob vereinfachende öffentliche und leider oft auch media-le Meinung tendiert zur Annahme, ach was, zum Grundsatz, dass sich »Der typische Manager« angesichts dieses Dilemmas flugs für

Moneten und gegen Moral entscheide. Weil er geldgeil und gewinnsüchtig sei. Weil er an seiner Uni so erzogen wurde. Eben: weil er böse sei. Das klingt mir aber dann doch ein wenig zu banal. Es stellt sich die Frage, welchen Unterschied es macht, ob die Moral dummdreist oder ausgeklügelt ausgehebelt wird – aber stellen wir diese Frage kurz hintan und betrachten wir zuerst die hohe Kunst und die Eleganz des betrieblichen Moral-Entledigungsmechanismus: die Dilemma-Dekonstruktion.

Im Prinzip sind Dilemmata nichts Neues für Manager. Sie scheinen geradezu für sie gemacht. Manager haben wie jede gute Hausfrau ausreichend Erfahrung darin, das Unvereinbare irgendwie doch zu vereinbaren. Paradebeispiel aus dem Lehrbuch ist das Effizienzprinzip, die tragende Säule des Wirtschaftens und im Grunde nichts anderes als eine Maxime zur Bewältigung der Zwickmühle, in der sich Manager täglich befinden: aus wenigem so viel wie möglich machen.

Dieses Prinzip wird auf so viele Ressourcen und Ziele angewandt, dass ich mich seit Langem frage: Warum wenden wir das Effizienzprinzip nicht auch auf die Moral an? Warum fragen Manager nicht oder selten: »Wie können wir auch ohne großes Budget und eventuell ohne Vorstandsbeschluss die Arbeitsbedingungen entlang unserer Lieferkette verbessern und die moralische Integration unserer Supply Chain vorantreiben?« Ich kenne Manager, die sich diese Frage tatsächlich stellen – und entsprechend handelnd tätig werden. Sie sind in der Minderheit. Die Mehrheit bewältigt diese Schieflage eben nicht mit einer moralischen »Trotzdem-Optimierung«, sondern tut etwas ganz und gar fürs Management Untypisches: Sie verweigert sich.

Oft ziehen sich Manager aus der Affäre, indem sie das Dilemma dekonstruieren, sozusagen wegdefinieren: »Ich würde ja gerne meine Lieferanten gut behandeln – aber es ist kein Geld dafür da!« Man stelle sich vor, auf diese Weise würde jemand bei wirtschaftlichen Zusammenhängen argumentieren: »Ich würde ja schon gerne dieses Marktsegment erobern – aber es ist kein Geld für TV-Spots da!« Der Vertriebschef würde ihm was husten!

Er würde sagen: »Wozu brauchen Sie sündhaft teure TV-Werbung? Sie nehmen jetzt ruck, zuck Ihren Polo und klappern Ihre Adressliste ab, sonst setze ich Ihnen den Stuhl vor die Tür!« Und weil das jede(r) sowieso weiß, muss kein Vorgesetzter das sagen.

Verhält sich unsere Wirtschaft an entscheidenden Stellen so unmoralisch, weil sie auf den von Leitartiklern postulierten Widerspruch zwischen Moral und Markt hereingefallen ist? Würden wir uns alle viel moralischer verhalten, wenn Moral als wirtschaftlicher und nicht als »außer-ökonomischer« Parameter behandelt würde? Angenommen, Moral würde nach dem Effizienzprinzip gemanagt – das sähe dann so aus: Wir müssten und bestenfalls wollten mit knappen Ressourcen (Geld, Zeit, guter Wille) ein Optimum an Moral erreichen.

Bis dieses Optimum tatsächlich großflächig von Wirtschaftsprofessoren und CEOs angestrebt wird, steht es dem einzelnen Manager frei, individual-rational zu handeln und Dilemmata, für die er keine Zeit und auf die er keine Lust hat, schnell mal eben wegzudefinieren: Kein Geld da – Moral erledigt! Aber wo bleibt das Korrektiv? Über ihm in der Hierarchie?


## Die amoralische Organisation

Obwohl Manager sich gerne als Macher und Solisten darstellen lassen, ist die in die Hierarchie eingebettete Führungskraft in vielen Belangen eher Lemming als Löwe: weitgehend ein Konsenstier. Wobei es auch hier grandiose Ausnahmen gibt. Abseits der Ausnahmen werden jedoch nur ganz oben einsame Entscheidungen getroffen. In der Mitte traut sich kaum eine(r), auch nur für einen Packen Kopierpapier ohne sechs Unterschriften das Büromateriallager zu betreten. Wie gesagt: abzüglich Ausnahmen. Das funktioniert beim Kopierpapier. Bei der Moral bricht die Aufsplitterung der Entscheidungsgewalt zusammen: Fürs Kopierpapier kriegt jeder Manager seine sechs Unterschriften. Für die Moral kriegt er nicht mal zwei.

Denn hat sich tatsächlich mal eine(r) die heroische Entscheidung abgerungen, den eigenen Vorgesetzten mit moralischen Bedenken zu behelligen, erwidert dieser ihm/ihr mit hoher Wahrscheinlichkeit: »Glauben Sie mir: Auch mir tun die Lieferanten leid! Aber ich bin dem

Aufsichtsrat verpflichtet! Und den Shareholdern! Ich würde ja gerne! Aber mir sind die Hände gebunden!« Und schwupps, ist die Moral verschwunden! Eben noch war sie da, jetzt ist sie weg.

Im Ernst: Jeden Tag werden weitaus rentablere, innovativere, populärere und kreativere Ideen vom fehlenden Konsens gekippt, als es eine unbequeme Sache wie die Moral jemals sein könnte. Ein Manager schlägt ein »todsicheres Projekt« mit einer gigantischen Rendite vor – aber der Vorgesetzte verzieht dabei das Gesicht? Die Idee ist gekillt – schneller schlägt kein Auftragskiller zu. Daraus jedoch zu schlussfolgern, dass Führungskräfte sich nur mal rasch höheren Orts der Moral entledigen müssen, um dann fröhlich trällernd schlimmer als die Heuschreckenplage über Schwellenländer herzufallen, ist eine Unterstellung. Der Manager, der mit blutiger Moralnase von seinem Vorgesetzten oder jedem übergeordneten Gremium zurückkehrt, schlägt statt in verschreckten Schwellenländern mit auffallender Häufigkeit eher bei Seminaren und Tagungen spätabends an der Hotelbar auf.

In Ermangelung eines vorgesetzten Ohres teilen sich die vom Gewissen geplagten Führungskräfte dann eben notgedrungen der zufällig anwesenden Professorin mit. Die Dialoge, die sich dabei ergeben, sind so absurd wie tieftraurig; exemplarisch:

»Mir tun die armen Kerle in Südafrika leid. Aber was will man machen?«

»Die Arbeiter in Ihrem südafrikanischen Werk streiken?«

»Ja, leider. Wir wollten dieses Jahr 20 000 Einheiten durchjagen – jetzt werden es bloß 14 000. Dabei kann ich es den Leuten da unten nicht verdenken – aber sagen Sie das mal meinem Chef. Ich habe es heute versucht …«

»Sie haben gegenüber Ihrem Vorgesetzten moralische Bedenken wegen der Arbeitsbedingungen dort geäußert?«

»Ja, natürlich! Wenn Sie mal dort gewesen wären …«

»Aber wie kann das sein? Wie kann das Ihr Vorgesetzter dulden? Sie haben doch auch Ihre Richtlinien zur Corporate Social Responsibility!«

»Was hat CSR mit Moral zu tun?«

Gute Pointe.

Ich weiß nicht, wie viele Millionen Euro bis heute in CSR-Kampagnen gesteckt wurden – und dann werden diese millionenschweren Investitionen durch den Manager an der Hotelbar mit einer simplen, resignativen Geste vom Tisch gewischt: Was hat Corporate Social Responsibility mit Moral zu tun? Gesellschaftliche Verantwortung des Unternehmens? Ja, natürlich, gewiss, immerhin, immerzu! Es sei denn, die Kerle fangen an zu streiken. Dann ist schnell Schluss mit CSR. Dann hat plötzlich nie einer was von CSR gehört. Was kein ausschließlich akustisches Phänomen sein muss. Möglicherweise ist die Corporate Social Responsibility tatsächlich ein Widerspruch in sich, eine konstruktive Unmöglichkeit.

> Chinesische Studenten wurden für Nachtschichten zwangsrekrutiert.«Das räumte Foxconn, der als Auftragsfertiger unter anderem für Apple, Nokia und Sony arbeitet, nach monatelanger Kritik ein. Die schlechten Arbeitsbedingungen widersprächen den Firmenvorgaben, hieß es. So hatte die staatliche *Volkszeitung* berichtet, dass Tausende Studenten der Technischen Universität der zentralchinesischen Stadt Xi'an zur Arbeit in der Fabrik gezwungen worden waren.«
>
> *DPA-Meldung (2013)*

## Das moralische Versagen des Systems

Ich versuche keinesfalls, unmoralische Manager in Schutz zu nehmen. Es fällt jedoch auf, dass die grassierende Amoral der modernen Wirtschaft weniger eine Charakterfrage des Einzelnen als eine Pathologie des Systems zu sein scheint. Nicht nur der einzelne Manager spinnt, sondern auch sein Koordinationsapparat. Das Spiel ist so krank wie der Spieler. Die Wirtschaft krankt wie auch der Wirtschaftende. Das Verblüffende daran: Dieses Koordinationsversagen hat wesentlich nichts mit Moral zu tun.

»Der Kapitalismus ist nicht per se gut, und seine Schwächen
sind nicht nur die menschlichen Schwächen seiner Manager,
sondern strukturelle Schwächen.«

*Heribert Prantl in der* Süddeutschen Zeitung

Ein rühriger Leiter eines Entwicklungsteams erzählte mir zum Beispiel, dass er und zwei seiner Ingenieure eine fantastische Entwicklung gemacht hätten: »Aber meine Firma will die nicht! Die wollen
da kein Geld reinstecken!« Die gute Idee wird zwischen den Abteilungen und Hierarchien aufgerieben. Also kauft er der Firma die Idee
für einen kleinen Betrag ab, entwickelt sie zu Hause zur Marktreife –
und hat nun »nebenher« sein eigenes kleines Unternehmen. Ähnlich
verhält es sich mit der Moral: Unter der Perspektive des sogenannten
Commodity Approach, also unter der Sichtweise »Alles ist ein Gut«,
ist Moral nichts mehr als eine weitere gute Produktidee, für die das
Kollektiv zu verpeilt und zu zerstritten ist. Aber sollte es wirklich so
einfach sein? Für viele Manager ist es das. Sie sehen, nein, sie erleben
das so – und sprechen es auch unter dem Schutz der Anonymität aus.

Die Verkaufsleiterin eines Mittelständlers zum Beispiel erklärt
unverblümt: »Moral funktioniert nicht im kollektiven Gefüge eines
effizienten Unternehmens. Moral ist nichts für Umlagesysteme und
Vorstandsbeschlüsse. Unternehmen können nicht moralisch sein.
Moralisch ist immer nur der einzelne Mensch – oder eben nicht.«
Also spendet sie als Privatperson regelmäßig großzügig an eine
Hilfsorganisation, die in der Region tätig ist, in der ihre Firma einen
Lieferanten in prekären Verhältnissen hält. Nota: Nicht der Einkaufsleiter spendet, der das Elend mit seinen Squeezing-Preisen praktisch
verantwortet, sondern die Verkaufsleiterin, die mit dem Beschaffungs-
markt beruflich wenig am Hut hat. Das hat nichts mit der Funktionalität
von Firmen zu tun.

Es gibt auch Einkäufer, die für ihre Besuche vor Ort den Kofferraum
voll Carepakete laden, wenn sie ihre Lieferanten besuchen. Lkw-Fahrer
schmuggeln auf Fernfahrten Medikamente zu Lieferanten in den
ehemaligen Ostblock. *Das* ist Moral – wenn auch eine paradoxe: Was
das Unternehmen verbockt, versuchen Einzelne zu reparieren.

*Das System* versagt moralisch. Doch das Individuum versucht, wenigstens mit halbwegs intaktem Gewissen aus dem Schlamassel rauszukommen? Hut ab, Respekt. Die Gewinne der Globalisierung werden thesauriert, ihre Kosten individualisiert. Neulich meinte ausgerechnet eine durchgestylte Boutique-Verkäuferin: »Eigentlich müssten wir auf einige Teile aus Asien 5 Euro Wiedergutmachungszuschlag erheben.« Eine gute Idee. Realisiert wurde sie bis heute nicht. Dafür passiert etwas anderes: Die Kinder der Globalisierung holen sich ihren Wiedergutmachungszuschlag inzwischen selber.

## Was uns Unmoral kostet

Als der Arabische Frühling ausbrach, jubelten die Leitartikler den unterdrückten Massen zu: »Erhebt euch! Befreit euch! Werft das Joch der Unterdrückung ab!« Als in Kambodscha die Textilarbeiter für eine Anhebung ihres Arbeitslohns auf 120 Euro (im Monat!) auf die Straße gingen und sich dafür zusammenschießen ließen, schlug ich mit kribbelndem Interesse die Gazetten auf.

> »Bislang reicht der gesetzliche Mindestlohn in vielen Ländern
> häufig kaum zum Überleben aus.«
>
> *Caspar Dohmen in der* Süddeutschen Zeitung

Die publizistische Unterstützung für die Protestierenden fiel deutlich kühler aus. Ganz offensichtlich gibt es einen Unterschied zwischen politischer und ökonomischer Unterdrückung. Hungern die Menschen, weil ein Diktator mit eiserner Faust regiert, reizt das die Kolumnisten zu Fanalen. Hungern die Menschen am anderen Ende der Versorgungskette, weil der Preisdruck des globalen Spiels mit eiserner Faust regiert, bleibt der Aufschrei aus. Dabei ist die ökonomische Unterdrückung drauf und dran, die politische abzulösen. Diesen Trend haben nicht nur viele Kommentatoren verschlafen – etliche Manager wurden auch von ihm überrascht; genauer: vom Gegentrend.

Dabei war die Sache mit etwas Geschichtsverständnis absehbar: Den unterdrückten Massen ist es egal, ob sie politisch oder ökonomisch unterdrückt werden (was zumeist ohnehin Hand in Hand geht) – sie erheben sich irgendwann. Dem Magen ist es egal, weshalb er knurrt. Selbst renommierte Firmen der ansonsten sehr fortschrittlich gemanagten Automobilindustrie wurden von Unruhen und wilden Ausständen der Arbeiter ihrer Niederlassungen in den Schwellenländern »überrascht«. Ein in Südafrika tätiger Manager beschwerte sich ganz empört: »Aber wir können doch nichts für die Löhne! Die sind marktüblich!« Das stimmte. Warum streikten seine Arbeiter dann trotzdem?

Weil der Manager den Markt als Ausrede für unmoralische Löhne gelten ließ – seine hungernden Mitarbeiter aus verständlichen Gründen nicht. Der Markt ist der Gott der Saturierten, nicht der Menschen mit leerem Magen. Hungernde wollen keine lehrbuchhafte Erläuterung des Marktpreismechanismus – sie wollen Brot auf dem Tisch. Das ist ein kleiner Unterschied, den viele westliche Führungskräfte nicht verstehen: Das, was sie Outsourcing und Best Cost Country Sourcing (Einkauf nicht in billigen, sondern in preiswerten Ländern) nennen, nennen die Menschen am unteren Ende der Nahrungskette schlicht Kohldampf. Der »typische« MBA-Absolvent stößt hier, wenn nicht an die Grenzen seines Intellekts, so doch deutlich hörbar an die Grenzen seines Sprachvermögens.

## Sprachversagen

Wenn es beim Fußball einen Strafstoß gibt, bin ich immer ganz fasziniert von den Rechtfertigungsarien mancher Rotsünder: »Aber ich habe ihn doch gar nicht berührt!« Als Zuschauer fragt man sich unweigerlich: Ist der so dumm oder tut der bloß so? Hat er wirklich nicht gemerkt, dass er seinen Gegner umgesäbelt hat? Hat das Adrenalin sein taktiles Empfinden ausgeschaltet? Oder ist das bloß der verzweifelte Versuch, den Schiri und sich selbst mit einer nachträglichen Rechtfertigung hinters Licht zu führen, weil für ein Schuldeingeständnis nicht genügend Mumm vorhanden ist?

Das Sprachversagen im Strafraum der Globalisierung ist sowohl Symptom als auch Ursache der andauernden Moralpannen beim Business as usual. Oder um einen beliebten Managerspruch abzuwandeln: Man kann nicht managen, was man nicht ausdrücken kann. Wer Moral nicht artikulieren kann oder mag, begeht Moralfouls im Strafraum und redet sich danach um Kopf und Kragen. Wie sonst könnte man sich erklären, dass viele westliche Unternehmen auf die Unruhen in Kambodscha und anderswo mit einem Argument reagierten, bei dem sich ein gebildeter Zuhörer fragen muss, ob er sich verhört hat: »Was habt ihr denn? Wir besitzen doch gar keine Fabriken dort unten! Die gehören den dortigen Fabrikbesitzern. Wir können keine Löhne festlegen! Löhne werden zwischen Fabrikbesitzern und Arbeitern ausgehandelt!« Auf solche Argumentationsweisen reagiere ich genauso wie auf Strafraumszenen in der Sportschau: Da will mich einer auf den Arm nehmen!

Schon an der höheren Schule – dazu braucht man keinen Bachelor oder Master – lernt man: Ein Fabrikbesitzer kann nur den Lohn bezahlen, den der Preis des Einkäufers hergibt. Sobald der Einkäufer sagt »Sorry, ich kann keine 3 statt 2 Euro für ein T-Shirt bezahlen!«, weiß die Näherin an der Maschine, dass aus der Lohnerhöhung nichts wird. Trotzdem wird ständig mit diesem Muster argumentiert – obwohl man mit dieser Argumentation bei jeder VWL- oder BWL-Prüfung mit Pauken und Trompeten durchrasseln würde.

Dieses Sprachversagen ist entweder ein Hinweis darauf, dass einige Verantwortliche die grundlegendsten Mechanismen der Marktwirtschaft nicht begriffen haben. Oder dass sie so heftig vom schlechten Gewissen geplagt werden, dass sie Unsinn reden. In beiden Fällen passiert genau das nicht, was eigentlich passieren müsste: eine Auseinandersetzung auf moralischer Ebene. Das ist das eigentlich Verblüffende: Obwohl jeder es sieht, sagt keiner etwas dazu. Der Elefant steht zwar mitten im Wohnzimmer, aber die Teegesellschaft kann sein Auftauchen nicht artikulieren. Ökonomen diskutieren gerne den *Veil of Ignorance*, den »Schleier der Intransparenz«. Was wir hier haben, ist ein *Veil of Speechlessness*.

## Lernen, über Moral zu reden

Als 1990 Perrier 160 Millionen Flaschen Mineralwasser wegen einer Benzolverunreinigung zurückrufen musste, bewiesen die zuständigen Manager, dass das Management ein Sprachversagen überwinden kann. Die düpierten Manager fragten nicht: »Benzol? Welches Benzol?« Sie legten vielmehr die Karten offen auf den Tisch, gestanden alles frank und frei – und nahmen damit dem Sturm der Empörung den Wind aus den Segeln. Was machen Firmen heute? Sie ziehen die Augenbrauen hoch und fragen mit Unschuldsmiene: »Löhne? Welche Löhne? Wir handeln doch keine Löhne in Schwellenländern aus!«

Es ist eine Sache, unmoralisch niedrige Einkaufspreise zu bezahlen. Es ist eine andere, unanständig schwach zu argumentieren. Immer wieder höre ich im Management – hinter vorgehaltener Hand: »Natürlich profitieren wir alle von den Niedriglöhnen in den Herstellerländern! Aber höhere Preise bezahlt der hiesige Konsument nun eben nicht!« Was spricht dagegen, diese Aussage auch einmal öffentlich zu machen? Der Zorn der Konsumenten, die sich beleidigt fühlen und sich nicht derart den Schwarzen Peter zuschieben lassen wollen? Eine solche Reaktion ließe sich vermeiden.

Ein Marketingmitarbeiter bei einer Textilhandelskette schlägt vor: »Verkaufen wir unsere Jeans 3 Euro teurer und drucken Etiketten mit: ›Für ein freies Kambodscha! Unterstützen Sie mit dem Kauf dieser Jeans den Freiheitskampf der kambodschanischen Fabrikarbeiter mit 3 Euro!‹« Toll! Einige Label, wie Kuyichi oder Nudie, folgen inzwischen dieser Idee und verkaufen faire Jeans.

Im Sinne eines »Sprachkurses Moral« wäre ich auch froh, wenn ich öfter hören würde: »Wir alle profitieren von den niedrigen Preisen. Aber natürlich setzen wir als Unternehmen alles daran, dass die Verhältnisse sich in Kambodscha und anderswo in den nächsten Jahren stark verbessern werden.« Das wäre eine windelweiche Absichtserklärung – aber wenigstens keine offensichtliche Lüge wie: »Nicht wir machen die Löhne, sondern Fabrikbesitzer und Fabrikarbeiter.« Viele PR-Abteilungen schaffen das nicht, weil viele Manager eben nicht unmoralisch sind, nur schlecht geführt. Sie dürfen reihenweise Unfug zu den Hungerlöhnen in den Schwellenländern erzählen – und kein Vorstand, kein Marketingchef und kein PR-Leiter im Unternehmen sagt ihnen: »Lass doch den Quatsch! Leg dir gefälligst eine Argumentation zu, mit der du nicht durch den Bachelor rasseln würdest!«

Ganz besonders nötig wäre eine halbwegs vernünftige Argumentation beim sogenannten Mindestlohn.

## Die Mindestlohn-Lüge

Ich erinnere mich, wie wir uns früher über die Propaganda-Meldungen von *Prawda* und *Neues Deutschland* amüsierten. Diese krampfhaften Versuche, der Welt ein X für ein U vorzumachen! Hielten die Sprachrohre der Tyrannei die Menschen wirklich für so dumm? Zu früh amüsiert. Mit den Jahren merkte ich mehr und mehr, dass viele Industrieunternehmen, Dienstleister und Mittelständler mittlerweile dieselbe Sprache sprechen. Jeder in der Wolle gegerbte Volkswirtschaftler fühlt: Der Kapitalismus hat den Sozialismus nicht besiegt! Der Sozialismus ist dem Kapitalismus lediglich vorausgegangen. Wenn wir schon so daherreden wie damals die Sozialisten, werden wir wohl ziemlich bald auch ihr Los teilen ...

Aber Polemik beiseite: Was sind denn das für Argumente? Da gerät ein großer Maschinenbauer in eine der mittlerweile häufigen Krawallkampagnen im Internet, weil die Arbeitsbedingungen seiner asiatischen Zulieferer ruchbar werden, und alles, was Vorstand und PR-Abteilung zustande bringen, ist sinngemäß: »Aber uns sind die Hände gebunden! Der gesetzliche Mindestlohn ist eben nicht höher!« Das muss man sich mal vorstellen.

Wie viele westliche Arbeitnehmer, Mitarbeiter und erst recht Manager, werden denn weit übertariflich bezahlt? Das Wort »Mindest« deutet doch wohl eine Unter-, keine Obergrenze an. Was hindert mich daran, einem asiatischen Fabrikbesitzer zu sagen: »Wir zahlen Ihnen 10 Cent mehr aufs Teil – mindestens die Hälfte davon geben Sie an die Arbeiter weiter. Sonst listen wir Sie aus!«? Sagt der Einkäufer das? Nein, aber immer mehr Konsumenten fordern es.

2005 fiel der Preis-Groschen bei einigen deutschen Konsumenten. Seither steigt zum Beispiel der Kauf von Fairtrade-Produkten mit teilweise zweistelligen Wachstumsraten: Moral boomt. Deutsche Verbraucher kauften nach Fairtrade-Angaben für 654 Millionen Euro (2013) Produkte mit dem Fairtrade-Siegel. Renner ist der faire Kaffee mit über 11 000 Tonnen Absatz – was aber immer noch lediglich einem Marktanteil von 2,1 Prozent entspricht.

Die Zahl der moralisch gefestigten Kaffeetrinker ist noch klein. Fairen Kaffee betrachten viele noch als Luxusartikel. Das ändert sich spätestens dann, wenn die Ursache dieser Fehleinschätzung die eigenen Kinder bedroht.

## Faire Produkte

Warum kaufen nur so wenige Menschen zum Beispiel faire Produkte? Eine Erklärung dafür bietet das Genovese-Syndrom, auch Bystander Bias genannt. Am 13. März 1964 wurde die 28-jährige Kitty Genovese in New York auf offener Straße erstochen. 38 Nachbarn hörten eine halbe Stunde lang ihre Schreie. Keiner griff ein. Ganze Heerscharen von Soziologen und Psychologen haben sich seither gefragt, warum.

Sie fanden in aufwendigen Studien heraus, was im Grunde der gesunde Menschenverstand verrät: Je weiter eine Ungerechtigkeit entfernt ist und je mehr »Passanten« (Bystander) deren Zeuge werden, desto weniger fühlt sich der Einzelne zum Eingreifen motiviert. Die leidenden Fabrikarbeiter und darbenden Bauern in den Schwellenländern sind so weit von uns entfernt – sie könnten auch auf dem Mond leiden. Und die Globalisierung hat Milliarden Bystander! Dass unter diesen Bedingungen überhaupt jemand Fairtrade-Kaffee kauft, grenzt an ein Wunder. Wo doch das Leid der Welt so weit von der eigenen Haustür entfernt ist! Genau das ändert sich gerade. Die Welt rückt näher.

Die Gräuel der Globalisierung kommen der heimischen Haustür immer näher. Manchmal überwinden sie diese sogar schon und dringen ins Kinderzimmer vor – nicht nur mit bleivergiftetem Spielzeug.

So zahlte etwa ein IT-Unternehmen 32,5 Millionen US-Dollar an empörte Eltern zurück, deren Kinder munter im App-Store der Firma Software eingekauft hatten – ohne Wissen und Einwilligung der Eltern. Ein kleines Mädchen soll zum Beispiel für sein Tierhotel virtuelle Kuscheltiere für 2 600 Dollar eingekauft haben. Edith Ramirez, die Chefin der amerikanischen Verbraucherbehörde (Federal Trade Commission, FTC), tobte: »Man kann Verbraucher nicht für Einkäufe zur Kasse bitten, die sie nicht gebilligt haben!«

Um es deutlich zu sagen: Einem kleinen Mädchen in Amerika ohne Einverständnis der Eltern Kuscheltiere für 2 600 Dollar anzudrehen ist genauso unmoralisch, wie einem asiatischen Bauern einen Kilopreis für seine Erzeugnisse zu bezahlen, von dem er und seine Familie nicht leben können. Und wenn wir die Unmoral in fremden Ländern nicht stoppen, überfällt sie uns zunehmend eben auch im eigenen Wohnzimmer.

Sollten wir nicht handeln, wenn in Asien der arme Bauer über den Tisch gezogen wird, dann können wir unsere in der Komfortzone munter gewachsene Bequemlichkeit darauf verwetten, dass sich morgen schon die Globalisierung unserer Kinder annehmen wird. Und plötzlich wird die kleine Schwester von Kitty Genovese in unserem Wohnzimmer überfallen. Das müsste doch den Unterschied machen! Da müsste doch ein Aufschrei nach Spielbeendigung durch die (westliche) Bevölkerung gehen!

Während Edith Ramirez noch den hohen Gipfel der moralischen Empörung erklomm, herrschte beim flugs von wütenden Eltern sammelverklagten IT-Unternehmen besagte Sprachlosigkeit. Das Unternehmen zahlte die 32,5 Millionen umgehend zurück. Aber nicht deshalb, weil es eingesehen hatte, dass es unmoralisch ist, Kinder abzuzocken. Nein, die Firma ließ verlauten, sie zahle lediglich, um langwierige gerichtliche Auseinandersetzungen zu vermeiden. Erstaunlich.

Das Fehlverhalten wird auf diese Weise zum reinen Effizienzproblem im engstmöglichen Sinne umdeklariert: Es ist nun mal ineffizient, sich vor Gericht zu streiten. Man darf unmoralisch sein – aber nicht ineffizient! Ist das nun die Moral der Manager?

## Die Moral des Marktes

Wenn Managern vorgeworfen wird, sie würden unmoralisch handeln, ist es ganz interessant, mit Managern selbst zu reden. Einer erklärte mir anlässlich des oben berichteten App-Skandals:

»Die Manager der Software-Firma handelten nicht unmoralisch!«

»?«

»Wir Manager haben eben unsere eigene Moral!«

»?«

»Die Moral das Marktes: Was gut ist fürs Unternehmen, ist gut für die Shareholder und damit gut für die Gesellschaft.«

»Also geht es in Ordnung, Kindern ohne Wissen deren Eltern Apps zu verkaufen?«

»Natürlich! Unmoralisch wäre es, die Kindersicherung so hermetisch zu machen, dass der Umsatz zurückgeht, bloß weil es auch für viele Erwachsene zu kompliziert wird.«

»Aber wenn *Ihre* Tochter für 1 000 Euro Apps einkauft!«

»Dann zahle ich das zähneknirschend, aber prompt, wenn ich schon so leichtsinnig bin, ihr mein Passwort zu überlassen. Was meine Familie bestellt, muss ich bezahlen! Wo kommen wir hin, wenn ein Deal kein Deal mehr ist? Das ist Anarchie!«

Das beeindruckt erst einmal. Schwarz ist weiß. Kindern ohne Wissen der Eltern den digitalen Lolli anzudrehen, ist marktmoralisch. Nach dieser Logik ist es auch völlig in Ordnung, Kindersklaven zu halten.

>Wer sich keine moralische Stärke zutraut,
büßt sie am Ende wirklich ein.«

*Jean Paul*

>Was das Gesetz nicht verbietet, verbietet der Anstand.«

*Seneca*

## 2 KINDERARBEIT IST UNMORALISCH, ODER?

Seit März 2013 ist Kosmetik, die an Tieren getestet wurde, in der EU verboten. Aber Handys, MP3-Player und Kleider, für deren Herstellung Kinder schuften mussten, dürfen weiterhin angeboten werden. Tierschutz geht vor Kinderschutz! Das ist ganz schön verrückt; genauer: bipolar; umgangssprachlich: manisch-depressiv.

In unseren manischen Phasen frönen wir in besinnungslosem Konsumrausch den Früchten der Globalisierung, auch den von Kinderhand hergestellten Produkten. In den depressiven Phasen geißeln wir dann die Auswüchse des von uns selbst gepflegten Konsumrauschs: Sweatshops, Hungerlöhne, Umweltzerstörung und eben auch, allein schon das Wort löst hier im Westen Übelkeit aus: Kinderarbeit. Stoßen manische und depressive Momente unvermittelt aufeinander, ergeben sich bemerkenswerte Momente der Realsatire; zum Beispiel:

TV-Reporter vor Textil-Discounter zu Mann mit bunter Einkaufstüte:
>Was sagen Sie zur Kinderarbeit?«
>Ganz schlimm! Müsste man sofort verbieten!«
>Was haben Sie gerade im Textilmarkt eingekauft?«
>Äh, hm ...«

Solche Dialoge muten zwar recht verrückt an, doch auch der Wahnsinn folgt einer Logik, der Psycho-Logik:

Je heftiger wir uns auf der einen Seite beim Konsum versündigen, desto heftiger verdammen wir auf der anderen Seite die Sünde zum Beispiel in Gestalt von Kinderarbeit. Das scheint die stillschweigende Ratio des manisch-depressiven Konsumenten zu sein: Solange ich die Sünde depressiv verdamme, solange darf ich manisch sündigen. Das ist verrückt.

Es ist verrückt und passt damit perfekt zum Leitmotiv der Globalisierung: Sie ist nicht nur ein dummes Spiel (s. Kapitel 1). Sie ist darüber hinaus ein verrücktes Spiel. Das ist jetzt aber sehr polemisch? Dennoch ist dies noch nicht einmal die halbe Wahrheit.

Die ganze Wahrheit ist: Hinter dieser offensichtlichen Verrücktheit, die bereits vielschichtig und chaotisch genug ist, verbirgt sich eine versteckte Absurdität, die noch viel beunruhigender ist: Kinderarbeit ist zwar verrückt, aber nicht schlecht.

Das ist jetzt wirklich verrückt?

Nur auf den ersten Blick. Riskieren wir einen zweiten.

## Kinderarbeit soll gut sein?

Wenn ich auf einem Wirtschaftsempfang das Stichwort »Kinderarbeit« ins informelle Gespräch einwerfe, kommt meist spontan und unisono die Meldung zurück: »Ganz schlimm! Gehört abgeschafft!« Das »unisono« stört mich dabei nicht. Was mich als Frau, die fürs Denken bezahlt wird, dagegen umtreibt, ist das »spontan«. Wir sind spontan gegen Kinderarbeit. Natürlich. Bleibt die Frage: Was würden wir sagen, wenn wir nicht spontan antworten, sondern erst einmal nachdenken würden?

> »Wir drei Buben mussten in der Landwirtschaft mitarbeiten.
> Heute sagt man Kinderarbeit dazu.«
>
> *Peter Hartz im SZ-Interview*

Wie es der Zufall will, war unter den Teilnehmenden solch einer informellen Runde auch einmal ein nigerianischer Manager. Nachdem wir Westler unsere Spontanverurteilung der Kinderarbeit abgegeben hatten, meinte er: »Ich weiß nicht, ob ein generelles Verbot der Kinderarbeit so gut wäre. So schlimm sie ist, ist sie in einer üblen Situation oft die einzige Lösung. Verdienen die Kinder nicht dazu, hungern die Familien.«

Daraufhin polterte eine Diskussionsteilnehmerin los: »Jetzt sollen wir dem globalen Kapitalismus wohl auch noch dankbar sein für die Einführung der Kinderarbeit!« Der Manager lachte: »Die Erfindung der Kinderarbeit sollten Sie nicht dem Kapitalismus zuschreiben. Der Westen hat vielleicht die Globalisierung erfunden, aber nicht die Kinderarbeit. Auf unserem Kontinent arbeiten Kinder seit Tausenden von Jahren – wie hätten wir sonst überleben sollen? Außerdem ist das Teil unserer Familienkultur: Familie ist Gemeinschaft, und alle helfen mit.« Es ist gut, dass ein Nigerianer das sagte. Bei einem Westler hätte es Ärger gegeben. Den bekam ich später auch.

In meinem nächsten Beitrag zum Thema »Sustainable Supply Chain« (nachhaltige Logistik) in einem populärwissenschaftlichen Fachmagazin verwendete ich dankbar das Argument des Nigerianers. Die Passage wurde gestrichen. Ich rief den Redakteur an. Er sagte:

»Wir entschuldigen weder Kinderarbeit, noch befürworten wir sie!«

»Weder mache ich das, noch tut das der Text. Aber wenn arme Familien hungern, weil auch noch der Kindeslohn wegfällt?«

»Das mag sein – aber das können wir nicht schreiben!«

»Warum nicht?«

»Kinder gehören in die Schule und nicht an die Werkbank!«

»Und wenn es keine Schulen gibt?«

»Ich breche hier kein Tabu!«

> »Es ist unglaublich, dass es kein Aufsehen erregt, wenn ein alter Mann, der gezwungen ist, auf der Straße zu leben, erfriert, während eine Baisse um zwei Punkte an der Börse Schlagzeilen macht.«
>
> *Papst Franziskus, Evangelii Gaudium*

Dass manche kein Tabu brechen wollen, finde ich schade. Wie wollen wir eine geläuterte ethische Grundhaltung finden, wenn wir uns von

Tabus das Nachdenken verbieten lassen? Ein Tabu ist meiner Ansicht nach nicht die schärfste Form eines Moralprinzips, sondern der schlimmste Feind der Moral. Pikanterweise litt der Nigerianer nicht unter diesem Tabu. Er hatte offensichtlich etwas intensiver über Kinderarbeit nachgedacht. Die Frage ist: Hat er recht?

## Warum wir verbieten, statt zu fragen

Holen wir ein wenig Schwung. Nehmen wir Anlauf. Packen wir nicht gleich den schweren Brocken Kinderarbeit an, sondern laufen uns warm mit der Frage hinter der Frage. Hinter der Frage, ob Kinderarbeit unmoralisch ist, versteckt sich nämlich eine viel größere Frage: Wer entscheidet losgelöst von der Kinderarbeit überhaupt und generell und im Einzelfall, was unmoralisch ist und was nicht? Wer zeigt uns den Unterschied zwischen Gut und Böse? Zum Beispiel der Bürgermeister von Schwäbisch Gmünd.

Dieser hatte es im Sommer des Jahres 2013 den Asylbewerbern seiner Stadt ermöglicht, Bahnreisenden für 1,05 Euro die Stunde die Koffer zu tragen – und die Welt schrie auf!

Die Schlagzeilen überschlugen sich: »Grüße aus der Kolonialzeit«, »Schwarz bedient Weiß«, »Sklavenlohn«. Eine Abgeordnete klagte an: »... kein Beitrag zur Integration, sondern ein schamloses Ausnutzen ihrer Lebenssituation«. Ich war im ersten Augenblick so empört wie die Volks- und Medienvertreter. Dann setzte der gesunde Menschenverstand wieder ein. Ich las eine Meldung nach der anderen.

Ich war beeindruckt von deren harmonisch gleich lautenden Wortwahl. Sie befriedigten meine Neugier nicht. Ich war auf der Suche nach einer ganz bestimmten Information.

Ich las über den Aufschrei der Welt und wie dieser bewirkte, dass die Bahn die Initiative wie eine heiße Kartoffel fallen ließ. Ich las, was Politiker, Leitartikler, Kommentatoren, Abgeordnete und Minister dazu zu sagen hatten. Was die unmittelbar von der Initiative »Betroffenen« zu sagen hatten – davon las ich nichts. Endlich, nach zig mehr oder weniger gleich lautenden Artikeln, kam dann in einem Online-Bericht einer ARD-

Landesanstalt im allerletzten Satz die lapidare Aussage: »Die Flüchtlinge hätten nach eigenem Bekunden gerne weiter als Gepäckträger gearbeitet.« Wurden sie offiziell befragt? Natürlich nicht! Die Aktion wurde ohne Anhörung ihrer Interessen eingestellt. Was bedeutet das?

Sind Flüchtlinge nicht in der Lage, zwischen Gut und Böse zu unterscheiden, zwischen Ausbeutung und Beschäftigung? Mich hätte brennend interessiert, warum die guten Leute zu diesem »Sklavenlohn« »gerne weiter gearbeitet« hätten. Nicht nur »weiter gearbeitet«, sondern auch noch »gerne«. Weil sie nicht für voll zu nehmen sind oder weil sie etwas anderes unter Moral verstehen als wir? Welche Moralvorstellung könnte das sein und welche wollen wir ihnen zubilligen?

Ich weiß es nicht. Ich weiß lediglich, welche Moralvorstellung sich durchgesetzt hat. Die unsrige. Wobei selbst das nicht stimmt: Es setzte sich nicht »unsere«, sondern wie üblich lediglich jene der Schreihälse durch. Hierzu wage ich eine unzulässige Verallgemeinerung: Moral ist das, was einige wenige unter Vernachlässigung der Meinung direkt Betroffener für aufsehenerregend halten. Weil sie es besser wissen als die Betroffenen? Oder weil das die bessere Schlagzeile abgibt? Warum fühlen sich einige von uns bemüßigt, Menschen anderer Hautfarbe schon wieder erklären zu müssen, was gut für sie ist?

Jene, die das tun, würden sich wahrscheinlich heftig gegen diese Unterstellung verwahren: »Ich habe doch nur Mitleid mit den Armen!« Auch gegen deren in deutlichen Worten ausgedrückten Willen? Gibt es so etwas wie »Mitleidsvergewaltigung«? Arno Gruen (in *Der Verlust des Mitgefühls*) meint dazu:

> »Ein solches Mitleid ist nur verkleidete Arroganz: Der Bemitleidete wird klein und schwach gemacht, damit sich der Bemitleidende umso stärker, großzügiger und erhabener fühlen kann. Dieses Mitleid gibt uns das Gefühl, richtig zu handeln (...). Dass dies auf Kosten der Herabwürdigung des anderen geht, wird sowohl von dem Bemitleidenden als auch von dem Bemitleideten verneint.«

Um einen Kalenderspruch daraus zu machen: Die herrschende Moral ist ein narzisstischer Affekt auf Kosten der Opfer dieser

Moral. Arno Gruen war Psychoanalytiker – kein Moralphilosoph. Das ist das Problem mit unserer Moral. Sie ist nicht moralisch. Sie ist neurotisch. Das erklärt auch, warum sie mehr Löcher hat als ein Schweizer Käse.

## Moralneurosen

Man darf dem Internet gelegentlich dankbar sein. Zumindest im vorliegenden Fall schlug es eine Bresche in den monolithischen Block der neurotischen Moralplattitüden. Dafür sorgten einige Kommentare von Internetnutzern; sinngemäß wiedergegeben:

- Aber wenn 1-Euro-Jobber in der Pflege oder bei der Straßenreinigung darben, geht das in Ordnung? Ist das nicht ebenso unmoralisch?
- Die meisten Klomänner und -frauen in den Kettenrestaurants der Bahnhöfe sind afrikanischer Herkunft. Aber darüber regt sich wohl keiner mehr auf.
- Wenn Deutsche für einen Hungerlohn arbeiten *müssen*, stört das niemanden. Aber Flüchtlingen, die das ausdrücklich *wollen*, will man das verbieten?
- Laut IAB-Studie beziehen knapp ein Viertel aller Beschäftigten in Deutschland einen Niedriglohn von weniger als 9,54 Euro brutto die Stunde. (Das war noch vor dem Mindestlohngesetz). Warum löst das keine Empörung aus?

Niemand sollte für 1 Euro die Stunde arbeiten müssen – aber wenn er oder sie es wie die Flüchtlinge in Schwäbisch Gmünd »gerne« *möchte*? Und wenn wir eine solche Arbeit aus moralischen Gründen verbieten wollen – müssten wir sie dann nicht für alle verbieten, ohne Ansehen von Person, Nationalität, Hautfarbe oder medialem Sensationswert?

## Kurzatmige Dogmen

Dass Moral regelmäßig ohne Berücksichtigung jener postuliert wird, die davon betroffen sind, entlarvt sie als das Gegenteil des Beabsichtigten: Sie wird zum Machtinstrument der Political Correctness nach dem Motto: »Vielleicht ist Kinderarbeit sogar moralisch – aber was soll's? Sie ist auf jeden Fall nicht politically correct.« Das ist meines Erachtens zu kurz gedacht. Doch diese gedankliche Kurzatmigkeit befällt uns nicht nur bei kofferschleppenden Flüchtlingen und der globalen Kinderarbeit. Das fängt schon viel früher an, zum Beispiel in der 3. Klasse der Grundschule.

Der kleine Horst lässt die kleine Lisa bei der Klausur abschreiben, weil sie vor lauter Nervenflattern kaum mehr den Stift halten kann. Beide werden erwischt, beide kriegen vom Lehrer ihr Fett weg: »Mogeln gilt nicht! Notenabzug!« Der kleine Horst spürt zum ersten Mal in seinem jungen Leben eine tief empfundene moralische Empörung und würde diese nun gerne mit einem »Erwachsenen« diskutieren.

Also sagt er zu Hause zu seinem Vater: »Die Lisa ist viel klüger als ich, aber wenn sie nervös ist, kriegt sie nichts mehr zusammen – da musste ich ihr doch helfen!« Nach dem Lehrer erweist sich nun auch der Vater als kurzatmig. Er erwidert dem Jungen: »Aber du weißt doch: Wer abschreiben lässt, macht sich genauso strafbar wie der, der abschreibt.« Diese Episode ist zwei Jahrzehnte alt. Ich weiß nicht, ob der kleine Horst heute als Manager Banken und Nationen ruiniert oder als Einkäufer in Schwellenländern Kinder für sich arbeiten lässt – aber nach so einer Vorgeschichte können wir ihm nicht böse sein, wenn er nicht weiter über Moral nachdenkt, denn: Er hat es faktisch nie gelernt.

Da ringt ein Kind um einen moralischen Standpunkt, aber anstelle einer ernsthaften Diskussion wird es mit pauschalen Regeln in der Schule und vorgefassten Sprüchen im Elternhaus abgespeist. Kein Wunder, so lernt das Kind nur: Moral ist etwas, das ich vom Lehrer, vom Vater, von den Medien, der Politik und schwerpunktmäßig von meiner beruflichen Peergroup vorgesagt bekomme. Moral ist wie ein Gedicht von Schiller: auswendig lernen und nachplappern! Moral ist tabu. Moral ist Dogma und nicht etwa Ergebnis eines rationalen Diskurses. Unter diesen Voraussetzungen bleibt kein Kind der Welt auch nur ansatzweise seinen persönlichen Wert- oder Moralvorstellungen treu. Ist es erwachsen, kriegt es das bei den wirklich schlimmen Dingen wie den Auswüchsen der Globalisierung dann auch nicht mehr hin. Es kann nicht eigenständig darüber nachdenken, ob kofferschleppende Flüchtlinge und arbeitende Kinder gut oder schlecht sind. Es kann es einfach nicht. Mangels Übung.

In diesem Zusammenhang von einem Erziehungs- und Bildungsversagen zu reden empfinde ich als heitere und beschönigende Umschreibung und bekenne mich gleichzeitig zur eigenen Kurzatmigkeit: Auch ich hielt Kinderarbeit dogmatisch tabuiert für eines der kategorischen Übel schlechthin. Gehört ausgerottet wie Kinderlähmung, Tuberkulose und Röteln! Seit Schwäbisch Gmünd bin ich zumindest so weit geläutert, dass ich mich vor kurzatmigen Moraldogmen schütze, indem ich erst einmal die Betroffenen frage.

## Wie moralisch ist Zwang?

Warum sind wir so reflexhaft gegen Kinderarbeit? Neben dem Sekundärnutzen der Arroganz spielt auch unsere westliche Prägung herein: Der unbewusste Gedanke, dass unsere eigenen Kinder dieses Schicksal teilen könnten, ist uns unerträglich. Das ist verständlich, aber keine Moral. Das ist schlicht zu kurz gedacht: Es sind nun eben mal nicht »unsere« Kinder.

Doch genau diese darin bereits enthaltene Verfügungsgewalt übersehen wir nicht nur bei fremden, sondern auch bei unseren eigenen Kindern. Darauf machen uns Kinder auch wiederholt aufmerksam, wenn sie uns gelegentlich sagen, dass sie »lieber wie du arbeiten« würden »als noch einen Tag länger zur Schule zu gehen. Boah, das ist so langweilig, und Geld kriege ich auch keins dafür!«

Natürlich ist das kindisch! Aber wer gibt uns das Recht, diese Meinung zu ignorieren? Klar, unser Erziehungsauftrag. Wer zahlt, bestimmt. Das ist sinnvoll, das ist wirtschaftlich, das erhält die Disziplin in der Truppe/Familie aufrecht. Aber ist es moralisch? Man muss nicht

Alice Miller oder Arno Gruen heißen oder gelesen haben, um diese Frage zu verneinen.

Es könnte unter Umständen, im Sinne des Erziehungsauftrags, moralisch sein, gegen die dezidierten Interessen von kleinen Menschen zu *handeln*. Aber es ist doch wohl a priori unmoralisch, ihre Interessen rundheraus zu *ignorieren*, sie nicht einmal zu erfragen, geschweige denn sie mit ihnen zu diskutieren. Noch einmal: Dass die Welt eine bessere wäre, wenn alle Kinder gerne die Schulbank statt die Werkbank drückten, klingt logisch. Logisch ja – aber ist das moralisch? Im Sinne von: Alle wären besser dran ohne Kinderarbeit? Auch die Kinder? Sollten wir das nicht erst einmal prüfen?

Prüfen wir zuerst einige Trivialkriterien: Natürlich ist Zwangsarbeit für Kinder unmoralisch! Genauso wie Zwangspuddingessen. Das liegt aber nicht am Pudding, sondern am Zwang. Jeder Zwang ist an sich unmoralisch – fragen Sie bitte keinen gestressten Schüler, was er vom Schulzwang hält. Das ist trivial. Ich freue mich immer, wenn im Hörsaal oder in der Diskussionsrunde an dieser Stelle jemand fragt, was »trivial« eigentlich bedeutet.

> »Trivial ist, was jedem klar ist und kaum einer tut.«
>
> *Axel L., 43, Manager*

Gewiss: Auch die Folgen des Zwangs sollten wir berücksichtigen. Wenn ich ein Kind zu täglich 18 Stunden Zwangsarbeit in der Fabrik zwinge, hat das sicher gravierendere Folgen für dessen Entwicklung und späteren Wohlstand, als wenn ich es zwinge, sechs Stunden die Schulbank zu drücken. Das ist ein gewichtiger Aspekt: Zwang und seine Folgen. Aber lassen wir die Folgen einmal gedanklich beiseite und stellen wir uns die Moralfrage: Wie moralisch ist Zwang?

Zwang in Beantwortung der Frage spontan als unmoralisch zu stigmatisieren, ist zwar verständlich und logisch nachvollziehbar, führt aber zu einem ethischen Bumerang: Während wir Zwangsarbeit bei »denen« verurteilen, üben wir selber munter Zwang aus.

## Die St.-Florians-Moral

Moral scheint für viele das zu sein, womit man andere maßregelt. Dabei sollte man sich in Moralfragen doch wohl zuerst an die eigene Nase fassen. Wie kommen wir dazu, Zwangsarbeit in Asien moralisch zu verurteilen und die eigenen Zwänge nicht nur zu ignorieren, sondern ihnen munter zu frönen?

Natürlich ist Zwangsarbeit für Erwachsene und Kinder schrecklich. Aber wenn wir selbst Zwang anwenden? Wo haben Sie das heute schon getan?

Etwa den Gatten sanft gezwungen, endlich den Schuppen aufzuräumen? Das Kind verdonnert, sofort das Quizduell auf dem Smartphone abzuschalten, um seine Hausaufgaben zu machen? Sich selbst gezwungen, joggen zu gehen, statt sich einen gemütlichen Abend zu machen? Wir sind kategorisch gegen Zwangsarbeit für Kinder, lassen Zwang aber als Maxime für unser eigenes Handeln zu?

Es erscheint gewagt, Zwangsarbeit mit Schulzwang zusammenzubringen. Ganz sicher ist das eine nicht wie das andere. Aber das ist nicht der Punkt. Der Punkt ist: Moral lässt sich nicht in eine Schublade verfrachten oder per Outsourcing vor die Tür stellen. Moral ist selbstverständlich rückbezüglich. Wenn Zwang in Asien unmoralisch ist, ist er das auch in Nürnberg. Wer anderen Wasser predigt und selber Wein trinkt, disqualifiziert sich als Moralapostel. Moral ist keine Perspektive, sondern ein Prinzip. Warum erkennen wir das so selten? Weil wir überfordert sind.

## Überfordert

Um unsere moralische Überforderung in Sachen Kinderarbeit oder auch Flüchtlingsbeschäftigung zu erkennen, reicht es bereits, sich mit einem zwischenmenschlichen Phänomen zu befassen, das weitaus weniger diffizil ist als die Moral: Kommunikation. Kommunikation? Aber miteinander reden können wir doch wohl!

Marshall B. Rosenberg ist anderer Meinung. Der amerikanische Kommunikationsguru hat gefühlt zwei Dutzend Bestseller über gewaltfreie Kommunikation geschrieben. Darin baut er ein ganzes Theoriegebäude rund um die simple Frage auf: Warum zum Kuckuck können wir nicht »vernünftig« miteinander reden? Zum Beispiel: »Immer lässt du alles auf dem Boden liegen.« Immer? Alles? Die sachlich unzulässige doppelte Übergeneralisierung kann durchaus als Verbalgewalt bezeichnet werden. Konformistische Gewalt: (Fast) alle Menschen reden so, also ist das normal – trotzdem tut es natürlich weh. Es verletzt den Adressaten (auch wenn die Kulturnorm es ihm nicht erlaubt, das offen zuzugeben).

Wir schaffen es nicht einmal, die Gewalt aus unserer Sprache herauszuhalten – und wir wollen über Moral in der großen weiten Welt reden? Das ist, als ob der Ochsenfrosch eine Vorlesung über Kernphysik hält.

Für eine Spezies, die es nicht schafft, die Gewalt aus ihrer Sprache, geschweige denn aus ihrem Verhalten herauszuhalten, bedeutet der Versuch der Ausbildung einer halbwegs kohärenten Moralkompetenz die intellektuelle Mount-Everest-Besteigung. In diesem Sinne: Verlassen wir das Basiscamp. Wir wissen noch nicht viel. Aber dass gefährliche, gesundheitsschädliche, entwürdigende, ausbeuterische oder erzwungene Kinderarbeit unmoralisch ist, wissen wir ganz sicher. Wie lässt sich dann aber normale Kinderarbeit einordnen?

## »Normale« Kinderarbeit?

»Wie kann Kinderarbeit ›normal‹ sein?«, empört sich an dieser Stelle der Diskussion im Seminar- oder Vorlesungssaal immer eine(r). Manchmal erwidert ein anderer: »Haben Sie als Kind nie auf dem Acker geholfen? Oder im elterlichen Betrieb? Oder einen Schülerferienjob angenommen? Und das gerne?« Kein wirklich schlagkräftiges Argument. Dass manche Menschen freiwillig tun, was andere als Zwang empfinden, überzeugt so wenig wie jede Argumentation mit der berühmten Ausnahme von der Regel.

Ebenso wenig einleuchtend aber ist die spontane Empörung darüber, dass einige Kinder gerne arbeiten. Schließlich hat die Frage, wie Kinderarbeit jemals »normal« sein könnte, eine einfache Antwort: in vielen

Ländern der Welt, für viele Eltern, viele Kinder und selbst für viele Politiker; »normal« im Sinne von »üblich«. Kinderarbeit hat weltweit keineswegs das Schmuddel-Image wie bei uns im Westen. Vor allem nicht bei jenen, die damit Brot auf den Tisch bringen. Nach Angaben der International Labour Organization (ILO) arbeiten weltweit über 150 Millionen Kinder unter 15 Jahren. Boliviens Staatschef Evo Morales zum Beispiel spricht sich oft und gerne gegen ein generelles Verbot von Kinderarbeit aus – wie übrigens auch die Internationale Arbeitsorganisation (ILO). Nun ist Morales aus verschiedenen Gründen keine moralische Instanz. Aber wollen wir schon wieder damit anfangen, unmittelbar Betroffene moralisch zu entmündigen?

Morales preist die Kinderarbeit nicht vom grünen Tisch herab. Er war selber Kinderarbeiter. Er findet, dass ihm das gutgetan habe. Was, wie gesagt, nicht zur Begründung der Moralität von Kinderarbeit ausreicht. Mit fünf Jahren begleitete er seinen Vater zur Zuckerernte nach Argentinien. Er arbeitete als Hilfskraft in einer Bäckerei, buk Bauziegel und verdiente sich als Straßentrompeter ein Zubrot. Heute regiert er ein Land. Was Morales als Fürsprecher für Kinderarbeit fragwürdig macht, sind nicht logische, moralische, ja nicht einmal pädagogische, sondern politische Gründe: Für jedes Kind, das in seinem Staat arbeiten muss, weil seine Eltern tot sind, braucht das ärmste Land Südamerikas keine staatliche Unterstützung zu bezahlen.

Man darf Morales unterstellen, dass er Kinderarbeit aus fiskalischen Gründen verteidigt – aber entwertet das die moralischen Gründe, die er, wohlgemerkt, nicht vorbringt? Die Moral hinter der Kinderarbeit ist im Grunde schockierend einfach: Ohne den Kinderlohn verhungert die Familie. Das mag auf abscheuliche Art und Weise eine krude Moral sein. Aber es ist die Moral der Hungernden.


## Was sagen die Kinder selbst dazu?

Nehmen wir jedem arbeitenden Kind der Welt seine Arbeit weg, verhungern vielleicht nicht alle unmittelbar und mittelbar Betroffenen, aber doch viele Menschen. Das wäre höchst unmoralisch. Kurzfristig.

Doch Moral hat sicher auch eine zeitliche Dimension. Was ist mit der Moral morgen?

Heute führt Kinderarbeit zu mehr Einkommen. Kurzfristig. Weil die Familie arm ist, geht das Kind zur Arbeit – ignorieren wir für den Moment, ob aus Zwang oder aus der Motivation heraus, die eigene Familie zu unterstützen. Weil es zur Arbeit geht, besucht es nicht die Schule – was jedoch bereits eine wackelige Annahme ist. Weil es heute nicht zur Schule geht, verfügt es morgen als Erwachsener nicht über die nötige Bildung für einen besseren Job – falls diese im Angebot sind, ebenfalls eine Annahme. Es bleibt bei seinem Hungerlohn, gründet eine Familie – und muss nun die eigenen Kinder zur Arbeit für einen Hungerlohn schicken, damit die Familie überlebt.

Kinderarbeit ist also, im trockenen Jargon der Wissenschaft, ein sich selbst rekrutierender Prozess. Eine Höllenmaschine der Armutsproduktion. Kinderarbeit erzeugt Kinderarbeit. Arbeitende Kinder zeugen arbeitende Kinder. Natürlich ist das schlimm. Genauso schlimm, wie mit einer Ziege und einem Tipi nomadenhaft über Land zu ziehen und sich von Beeren, Insekten und den kargen Früchten eines dürren Bodens zu ernähren. Das machen aber Hunderttausende Menschen. Das machten wir bis vor wenigen Tausend Jahren auch noch. Das ist hart, das ist brutal, das möchte man seinem schlimmsten Feind nicht zumuten. Aber ist es unmoralisch?

Fragen wir doch die betroffenen Kinder: Findet ihr es unmoralisch, dass ihr arbeiten müsst? Es gibt seriöse Studien zum Thema »Listen to what the children say«. Studien, die nach dem Schwäbisch-Gmünd-Prinzip arbeiten: Frag lieber erst mal die Betroffenen. Solche Befragungen zeigen: Viele Kinder in Schwellen- und Entwicklungsländern empfinden ihre Arbeit nicht als unmoralisch oder unnatürlich, sondern als Teil der Erziehung, des normalen Lebens und des Erwachsenwerdens. Das unterscheidet sie von »unseren« Kindern, die manchmal schon den Müll runterzutragen als unzumutbare Härte empfinden und das auch lautstark kundtun ...

Dass Familien sonst verhungern würden und dass Kinder ihre nicht disziplinarisch erzwungene (zum ökonomischen Zwang kommen wir gleich), nicht gesundheitsgefährdende Arbeit als »ganz normal«

betrachten, sind zwei sehr konkrete Gründe, warum ein pauschales, undifferenziertes Anti-Kinderarbeitsdogma genau das bleibt: ein Dogma. Einem Kind, das a) damit seine Familie ernährt, b) gerne arbeitet und c) keine Schule in seinem Landstrich vorfindet oder d) nach der Schule zum Beispiel im elterlichen Betrieb arbeitet – einem solchen Kind die Arbeit verbieten zu wollen erscheint unmoralisch. Nicht weil dieses Verbot bösartig wäre, sondern weil es nicht präzise ist.

## Wem Moral nützt

Ist Diebstahl unmoralisch? Ja, natürlich. Und wenn ein Verhungernder vom reich gedeckten Tisch einen Apfel klaut? Dann ist das Mundraub. Das ist zwar ungesetzlich, aber ist es auch unmoralisch? Weil Apfelklau heute selten geworden ist, ein etwas aktuelleres Beispiel: Wenn eine schlecht bezahlte Drogerie-Mitarbeiterin einen Müsliriegel für 60 Cent stiehlt, schreit das gesunde Volksempfinden auf, wenn der Arbeitgeber ihr mit Fug und Recht kündigt: Die Kündigung mag legal sein, aber sie verletzt unser Verständnis von Recht und Gerechtigkeit. Da macht das oft gescholtene Volksempfinden erstaunlich penible Unterschiede. Bei den »Gräueltaten« der Globalisierung versagt diese Unterscheidungsfähigkeit gelegentlich, bei der Kinderarbeit intensiv.

Die Fähigkeit, fein das eine vom anderen zu unterscheiden, ist uns verloren gegangen, weil die Notwendigkeit von weitreichender Kinderarbeit im Zuge der wirtschaftlichen Entwicklung überwunden wurde. Das darf aber nicht darüber hinwegtäuschen, dass sie auch ein fester Bestandteil unserer Geschichte war. Noch 1858 arbeiteten mehr als 10 000 Kinder im Alter von acht bis 14 Jahren in preußischen Fabriken. In den USA war zu Beginn des 19. Jahrhunderts ein Drittel aller Fabrikarbeiter zwischen sieben und 12 Jahren alt. Dies lag sicherlich nicht daran, dass die Kinder gerade nichts Besseres zu tun hatten. Es war der Notwendigkeit geschuldet, dass Unternehmen auf diese Arbeitskräfte angewiesen waren und die Familien auf das von ihnen erzielte Einkommen. Diese Notwendigkeit besteht in vielen Entwicklungsländern noch heute, was wir im Zuge eines Moralimperialismus nur allzu gerne vergessen. Weil es bei uns keine Kinderarbeit mehr gibt, darf es sie woanders auch nicht geben, so unsere moralische Logik.

Dabei ist die Ratio von Kind und Familie in armen Ländern die Gleiche wie bei uns vor 150 Jahren und eigentlich »trivial«, also nichts Besonderes: Hungerlohn ist besser als Hunger. Außerdem kann der Staat mit den Steuern, die er auf das neue Geschäft mit der Globalisierung erhebt, endlich mehr Schulen bauen. Ich weiß, das geht uns innerlich so was von gegen den Strich! Aber für viele Länder, Familien und Kinder ist die Globalisierung eine schreckliche Sache, die eine noch viel schrecklichere ablöst. Ein Übel mit etwas noch Üblerem zu vergleichen ist makaber. Doch der Westen stellt diesen Vergleich im Hochgefühl der moralischen Überlegenheit gleich gar nicht an. Er stellt ihn auf den Kopf: Wir hier vergleichen das Kind und sein Land nicht im Hinblick auf sein real überwundenes Übel, sondern im Hinblick auf unseren kinderarbeitslosen und bildungsbudgetaufgeblähten Idealzustand. Das bedeutet, nicht Äpfel mit Birnen, sondern Äpfel mit Dachpappe zu vergleichen.

## Für wen arbeiten Kinder?

Kinderarbeit hält Kinder vom Schulbesuch ab? Auch das ist zu kurz gedacht. Wenn der Kinderlohn mehr Geld in die Familie bringt, bringt er mehr Geld für Nahrungsmittel und Medizin, aber auch für Schulbücher und -gebühren. Kinderarbeit kann also einen positiven Gesamteffekt schaffen, sagen zumindest jene Forscher in den Schwellenländern, die Kinderarbeit erforschen: »To this end, child labour may have a net positive effect both on the child and other family members.« (Sim, Suryahadi, 2012). Erst diese wirtschaftliche Grundlage ermöglicht in vielen Fällen den Schulbesuch.

Außerdem arbeiten zum Beispiel in Indonesien die meisten Kinder Teilzeit. Schule und Arbeit schließen sich also nicht kategorisch gegenseitig aus. Die Forscher in Indonesien fanden auch heraus: Die meisten Kinder arbeiten nicht für den bösen Kapitalisten in seiner Brandschutzbestimmungen Hohn sprechenden Fabrik, sondern für die eigenen Eltern. In einer Familie helfen eben alle mit. Das soll unmoralisch sein? Das wollen wir verbieten? Davon wären Tausende heimischer Handwerkerfamilien wenig begeistert ... Der Umstand, dass Kinder arbeiten, ist wohl doch kein so klares Moralkriterium, wie es das Dogma glauben machen möchte. Dass ein Kind arbeitet, schockt uns Westler und kommt vielen Asiaten völlig normal vor – aber es hilft uns bei der Suche nach einer kulturübergreifend eindeutigen Moralfestlegung nicht weiter: Um einem willkürlichen moralischen Relativismus zu begegnen, brauchen wir härtere Kriterien. Begeben wir uns auf eines der härtesten Felder, auf dem ebenfalls ein Spiel gespielt wird: aufs Fußballfeld.

60 bis 80 Prozent der Fußbälle der Welt, je nach Quelle, werden in Sialkot im Nordosten von Pakistan hergestellt. Das sind schätzungsweise 40 Millionen jährlich. Die meisten von ihnen werden von Kindern zusammengenäht: im Akkord, oft länger als zehn Stunden täglich, in heißen, stickigen Fabrikhallen, für 3 Euro Tageslohn. Für Schule und das Spielen mit den Bällen, die sie selbst nähen, bleibt den Kindern keine Zeit. Kinderarbeit ist zwar in Pakistan verboten. Doch viele Fabrikbesitzer beschäftigen trotzdem Kinder, weil sie weniger kosten als Erwachsene, leichter einzuschüchtern sind und keine Gewerkschaften gründen.

Ja, natürlich ist das schrecklich! Und natürlich fragt man sich, ob unsere Bundesliga-Profis nicht wissen, woher das Arbeitsgerät kommt, mit dem sie ihre Millionen verdienen. Aber Entrüstung ist kein adäquater Ersatz für Moral. Was genau macht diese Kinderarbeit denn so unmoralisch? Dass die Kinder keine Zeit zum Spielen haben? Fragen Sie einen G8-Gymnasiasten, wie viel Zeit er noch zum Spielen findet. Trotzdem ist diese Fußball-Kinderarbeit unmoralisch. Aus einem einfachen Grund: Sie ist Ausbeutung. Jemanden unter gesundheitsgefährdenden Arbeitsbedingungen zu beschäftigen, ihn systematisch unter Missachtung seiner Menschenwürde einzuschüchtern und dafür mit einem Lohn zu bezahlen, der als Familienlohn eben nicht zur Ernährung der Familie ausreicht, ist schlicht ausbeuterisch – egal, wie alt der oder die Beschäftigte ist! Wenn das also Ausbeutung und nicht Arbeit ist, warum gehen die Kinder dann zur Arbeit? Hier begegnen wir wieder unserem zweiten harten Kriterium für Unmoral: Zwang.

## Keine Wahlfreiheit ist Unmoral

Wie moralisch ist Zwang? Es gibt Philosophen, Wissenschaftler und Gelehrte, die Zwang als häufig nötige Voraussetzung für Moral erachten: Zwingt man die Menschen nicht (manchmal) zur Moral, verhalten sie sich nicht (häufig genug) moralisch. Ich respektiere diesen Standpunkt und möchte einen anderen einnehmen: Ich würde gerne ohne Zwang auskommen. Wenn Diebstahl unmoralisch ist, ist er das auch, wenn kein Gesetz mich »zwingt«.

Wenn Kinder keine Wahl haben zwischen Schule und Arbeit, dann wird es aus meiner Sicht unmoralisch. Dabei ist völlig egal, ob der Zwang von der Globalisierung oder von den Eltern kommt. Gibt es einen Unterschied zwischen ökonomischem und pädagogischem Zwang? Dann würde ich ihn gern kennenlernen. Hier liegt der Denkfehler all jener, die Kinderarbeit *per se* für moralisch halten: Sie ist in einer gegebenen prekären Situation wirtschaftlich sinnvoll und nützlich – aber da sie häufig unter ökonomischem oder elterlichem Zwang ausgeübt wird, ist sie im Zwangsfall eben leider nicht moralisch. Sie rettet Leben und sie stillt den Hunger – das ist durch und durch moralisch. Denn was kann moralischer sein, als ein Leben zu retten? Unmoralisch hingegen ist der Umstand, dass Leben durch Kinderarbeit gerettet werden müssen, die auch anderweitig gerettet werden könnten.

Moralisch wäre es also, wenn eine Regierung, eine Non-Governmental Organization (NGO), ein Unternehmen, Sie oder ich einer armen Familie eine Stütze in Höhe des zu erwartenden Kinderlohnes oder den Erwachsenen einen Lohn zahlen würden, der zum Überleben reicht. Jede Wette: Selbst dann würden, wie hier im Westen, viele Kinder lieber arbeiten als zur Schule gehen. Das wäre dann zwar sehr dumm – aber es wäre nicht unmoralisch. Die Kofferträger in Schwäbisch Gmünd entschieden sich – darf man ihren eigenen Angaben glauben – aus freien Stücken und ohne wirtschaftliche Notlage fürs integrative

Koffertragen. Niemand hat sie gezwungen. Sie wollten einfach raus aus ihrem Ghetto. Sie wollten Kontakt zu anderen Menschen, soziale Anerkennung und etwas Geld verdienen. Sie wollten von ihrem Land und ihrem Los erzählen, die einheimischen Deutschen kennenlernen, sich als Menschen unter Menschen fühlen – aber das hat man ihnen mit dem Arbeitsverbot gleich mitverboten ... Schöne Moral.

In Indonesien wird ein Kind für jedes zusätzlich besuchte Schuljahr später als Erwachsener mit 6,8 bis 10,6 Prozent mehr Einkommen belohnt, wie Arman A. Sim im East Asia Forum (2012) unter Verweis auf einen Artikel von Esther Duflo vom MIT betont.

Würde das Kind lieber zur Schule gehen, aber von den Eltern trotz Angebots einer monetären Kompensation zur Arbeit geschickt werden, wäre das wiederum unmoralisch – aber gesellschaftlich vielerorts in Ordnung. Das wäre sozial okay – aber eben unmoralisch wegen der Anwendung von Zwang. Und hier sehen wir wieder, was die ganze Moral nützt.

Was nützt dem Kind die schönste Moral, solange es niemanden gibt, der diese Stütze bezahlt, die Kinder von der Arbeit abhalten kann? Gibt es da jemanden?

## Wer zahlt moralische Löhne?

Gott bewahre uns vor einem Zertifikat »Ohne Kinderarbeit hergestellt«. Es würde nichts über Moral aussagen. Selbst wenn wir ganz genau wüssten, dass dieses blaue Sweatshirt für 15,95 Euro von Kinderhand gemacht wurde, sagt das nicht viel. Wir wüssten nicht, ob das Kind morgens gerne zur Schule geht und mittags gerne bei Papi am Webstuhl sitzt – oder ob es als billiger Lohnsklave 16 Stunden am Tag schuften muss und über Nacht in einen Bretterverschlag gesteckt wird. Unser Wissen wäre zu unpräzise, um uns zu einer moralischen Entscheidung zu befähigen.

Um zu einer moralischen Kaufentscheidung zu gelangen, müsste die Supply Chain ganz schön viele äußerst differenzierte Informationen liefern – und nicht »bloß« den $CO_2$-Fußabdruck oder den Water Footprint, deren Ermittlung bereits einen Heidenaufwand bedeutet: Wir wissen zu wenig, um uns moralisch verhalten zu können. Wir leben im sogenannten Informationszeitalter, doch eigentlich ist es ein Datenzeitalter: So viele Daten, so wenig echte Information. Angesichts dessen könnten wir an der Moral verzweifeln und das tun, was der moderne Mensch in Situationen der Unsicherheit oft und gerne tut: die Hände in den Schoß legen. Oder zumindest jenen Teil der Kinderarbeit bekämpfen, der auf ökonomischem Zwang beruht. Das geht nämlich. Und noch genau so einfach wie vor 100 000 Jahren: Man kauft die Sklaven frei.

Wer möchte, dass Kinder für das Überleben ihrer Familie nicht mehr arbeiten *müssen*, kann das sehr einfach erreichen: Er bezahlt ihren Eltern genug. Wer tut das? Ausgerechnet einige Hersteller. Bemerkenswert: Zumindest einige der »bösen Kapitalisten« sind zumindest an dieser Stelle moralisch fortschrittlicher als die naiven Konsumenten.

## Ein Lohn zum Leben

Kein Kind *muss* arbeiten, wenn seine Eltern genug verdienen. Das ist ein so banaler Zusammenhang, dass er geradezu krampfhaft totgeschwiegen wird. Das Unmoralische an der ökonomisch erzwungenen Kinderarbeit ist nicht die Kinderarbeit, sondern der Hungerlohn der Eltern. Wie rechtfertigen westliche Unternehmen Lohndumping? Mit den üblichen, zum Teil hier bereits erwähnten Ausreden:

- »Nicht wir bezahlen die Löhne, sondern unsere Lieferanten!«
- »Die Regierungen in den Schwellenländern haben den Mindestlohn zu niedrig angesetzt!«
- »Der Markt gibt keine höheren Preise her, vor allem nicht im Niedrigpreissegment!«

Schlecht nur, wenn ausgerechnet ein Riesenkonzern im Niedrigpreissegment das Gegenteil beweist. H&M, der schwedische Modekonzern, hat versprochen, den Arbeitern, die für ihn T-Shirts und Jeans nähen, Löhne zu bezahlen, von denen ihre Familien leben können. Das ist ein sogenannter Living Wage, ein Überlebenslohn, ein Lohn zum Leben. Das Versprechen gilt zunächst für zwei Fabriken seiner Zulieferer in Bangladesch und eine Fabrik in Kambodscha. In naher Zukunft soll das Programm auf 750 Fabriken und 850000 Arbeiter ausgeweitet werden, wie die *New York Times* meldet. Das macht 60 Prozent der gesamten Produktion aus. Wie schaffen die Schweden das, ohne dass ihnen die Kunden davonlaufen, wenn sie plötzlich höhere Preise verlangen?

Es gibt einige Firmen, die freiwillig, und ohne es an die große Glocke zu hängen, oberhalb von Mindestlohn und Marktpreis bezahlen. Die Schoko-Dynastie Ritter Sport zum Beispiel bezahlt den Kooperativen der Kakaobauern in Nicaragua einen deutlich höheren Preis für ihren Kakao.

Das Preisargument wird gern und oft vorgebracht. Leider sticht es nicht. Es ist ein Smoke Screen, ein Nebelwerfer. Wer mit dem Preis argumentiert, hat seine Betriebswirtschaftslehre nicht verstanden oder möchte bewusst irreführen – was einen interessanten Zusammenhang offenlegt: Moral und Managementkompetenz sind voneinander abhängig.


## Kompetenz ist verlangt

Manche Manager sind so gerissen, dass sie auch vor unmoralischem Handeln nicht zurückschrecken? Das Gegenteil ist die Regel: Unmoral ist viel stärker mit Inkompetenz korreliert als mit Gerissenheit. Warum bezahlen denn so viele »unmoralische« Unternehmen ihren Lieferanten Hungereinkaufspreise?

Nicht weil sie so gerissen wären, sondern weil sie ihr Risiko streuen. Wer vielen Lieferanten viele kleine Aufträge gibt, kompensiert den Ausfall eines kleinen Lieferanten leichter. Der Vorteil dieser Einkaufspolitik für den Auftraggeber ist der Nachteil für die Lieferanten: kleiner Auftrag – kleiner Gewinn. Jeder Kaufmann weiß: Bei Großaufträgen bleibt, zum Beispiel wegen der Fixkostendegression, tendenziell mehr hängen. Genau diese Großaufträge will H&M künftig erteilen.

Der Konzern will an weniger Lieferanten größere Aufträge mit längerer Laufzeit vergeben – da bleibt dem Lieferanten eine höhere Marge. Von dieser kann der Lieferant dann den Living Wage bezahlen. So viel also zum von einigen Firmen gebetsmühlenartig wiederholten Argument: »Aber wir machen doch die Löhne nicht! Das machen die Lieferanten!« Wie jedoch geht H&M mit dem Risiko eines Lieferantenausfalls um?

Das Risiko muss nicht steigen – wenn man die Lieferanten sorgfältig aussucht und ihnen mit Know-how und Training bei Management und Arbeitsprozessen hilft. Ja, das kostet Aufwand, Zeit, Arbeit und Mühe. Und exakt das ist der Grund, warum immer noch Hungerlöhne bezahlt werden: Wenige von den westlichen Auftraggebern wollen und *können* sich anscheinend schon diese Mühe machen.

Bei Firmen, die genug Kompetenz haben, um moralisch zu handeln, muss der zuständige Supply Chain Manager dann eben schnell mal runterjetten und eine Krise beim Lieferanten ausbügeln helfen – anstatt ihn einfach durch den nächsten Billiganbieter zu ersetzen. Echte Lieferantenpflege ist sehr viel anspruchsvoller, als Lieferanten beim kleinsten Problem einfach auszuwechseln. Manager und Lieferanten müssen eng und gut zusammenarbeiten.

Angesichts der blamablen Vorstellung in Landeskunde, Cross-Culture Competence, Kommunikation, Verhandlungskunst und Workflow Management, die viele wenig kompetente Manager bei ihren seltenen Besuchen in fernen Ländern abliefern, stellt so eine enge Zusammenarbeit zwischen Auftraggebern und Lieferanten hohe Anforderungen an die jeweiligen Supply Chain Manager, Supply Manager und Einkäufer.

H&M scheint solche hoch kompetenten Manager zu haben oder sie sich zumindest rekrutieren und/oder personalentwickeln zu wollen. Andere Unternehmen haben oder wollen keine so kompetenten Manager: Moral wird von Managementkompetenz und Systemstruktur determiniert. Hätten wir bessere Manager und bessere Strukturen im Management, hätten wir eine bessere Moral. Und das gilt nicht nur fürs Supply Chain Management. Neulich fragte mich eine Bankvorständin rhetorisch: »Wäre in der Weltfinanzkrise auch nur eine einzige Bank untergegangen, wenn alle zuständigen Bankmanager etwas von dem verstanden hätten, was sie da zum Beispiel an Collateralized Debt Obligations einkauften? Und wenn die richtige Entscheidung nicht von der Entscheidungsarthrose in der Organisationsstruktur zunichte gemacht worden wäre?«

Was H&M und andere Firmen nun versuchen, um sich in Globalisierungszusammenhängen moralisch zu positionieren, ist eine Offensive ihrer Führungskräfteentwicklung und ihrer internen Abläufe und Strukturen im Einkauf. Normalerweise startet man solche Großoffensiven, um Konkurrenten zu kaufen, den Gewinn zu maximieren oder den Aktienkurs hoch zu bekommen. Dass eine solche nun aus moralischen Gründen gestartet wird, ist neu, ist angesichts der vorherrschenden Moral im Management geradezu unglaublich, begeisternd und hoffnungsfroh – weshalb die *New York Times* (2013) das Vorhaben auch mit unverhohlener Skepsis begrüßte: »H&M says it is willing to make the big changes but has so far not provided important details.« H&M wolle zwar große Veränderungen anstoßen, habe aber bislang noch keine wichtigen Details dazu bekanntgegeben.

Mit dieser Formulierung gab die *New York Times* ihrer Skepsis Ausdruck, musste jedoch eingestehen, dass ein ehrgeiziges Vorhaben immer noch besser sei als die moralische Trägheit vieler anderer Unternehmen. Es ist besser, das Große zu wagen, als sich weiterhin auf Klein-Klein zu versteifen. Leider machen die meisten lieber Klein-Klein – und Schlimmeres, wie wir gleich sehen werden.


## Die Anti-Samariter

Wer auf dem Fernsehschirm die Trümmer rauchen sah, in denen in Savar 1100 Arbeiterinnen und Arbeiter zu Tode kamen (s. Kapitel 1), mag sich kaum vorstellen, dass es schlimmer kommen könnte, aber bereits ein Jahr nach der Katastrophe war es so weit: Was da geschah und noch geschieht, wirft ein bezeichnendes Licht auf die Erfolgsaussichten des Kampfes gegen Zwangskinderarbeit. Denn wenn Firmen sich sogar der akuten Katastrophenhilfe verweigern, dann werden sie Kindersklaverei geradezu als »Luxusproblem« abtun.

Während C&A und andere Unternehmen relativ rasch Nothilfe-Fonds in Millionenhöhe für Überlebende und Angehörige der toten Arbeiter und Arbeiterinnen aufstellten, verweigerten etliche namentlich bekannte Firmen jeden Cent. Falls der *Duden* noch auf der Suche nach einem definitorischen Exempel für »schreiende Unmoral« ist: Hier ist es. Warum verweigern renommierte Firmen jede Nothilfe? Die *New York Times* (2013) fand eine plausible Erklärung für die unterlassene Hilfeleistung:

> »Some industry analysts say the North American retailers are
> reluctant to join the compensation efforts because they fear
> it could be seen as an admission of wrongdoing.«

Grob übersetzt: Firmen helfen Opfern nicht, weil sie fürchten, die Wiedergutmachung könnte als Schuldeingeständnis interpretiert werden. Das muss man sich gegeben haben: Es ist also nicht »falsch«, kein »Wrongdoing«, Deals mit Lieferanten einzugehen, die Arbeitsschutz und Menschenrechte ignorieren. Aber es ist anscheinend falsch, dann den Opfern zu helfen, wenn Fabrikgebäude mangels Einhaltung der Sicherheitsvorschriften vorhersehbar einstürzen. Wer moralisch handeln will, sollte nie wieder bei solchen Firmen kaufen. Was kann man noch tun?

## Was man tun kann

Niemand kann uns zwingen, Produkte von unmoralischen Unternehmen zu kaufen. Wer zum Beispiel die Opfer von Savar im Regen stehen ließ, lässt sich aus Print- und Internet-Quellen erschließen. Die Quellen sind frei zugänglich: Man muss sie nur aufsuchen. Moral ist nicht das, was man weiß. Moral ist das, was man tut ...

Firmen wie H&M, C&A oder Primark tun es. Warum bezahlen einige Firmen auch jene Arbeiter, die nicht für sie, sondern für ihre Lieferanten arbeiten? Ein Mittelstandsmanager erklärte mir die dahinterstehenden moralischen Grundsätze. Er sagte: »Ich weiß, dass viele Manager denken: Für die Arbeiter meiner Lieferanten bin ich nicht zuständig. Wir aber sagen: Wer mir zuarbeitet, für den bin ich verantwortlich.« Das ist ein überragendes Verständnis von nachhaltigem Supply Chain Management.

Moderne Lieferketten sind logistisch vollintegriert: Der Händler in Essen kann per Order bis auf die asiatischen Lieferanten der Lieferanten des Herstellers durchgreifen. Wobei die Textilindustrie in diesem Sinne häufig nicht als fortgeschritten gelten kann. Denn viele Hersteller kennen dort tatsächlich nicht die Lieferanten ihrer Lieferanten. In fortschrittlichen Unternehmen dagegen ist sogar die IT über sämtliche Wertschöpfungsstufen integriert: Jeder kann jedem in das Lager und das Orderbuch schauen. Die Supply Chain ist heutzutage vielerorts voll vernetzt: technisch, logistisch, managementmäßig – nur moralisch noch nicht. Das wirkt überkommen. Viele Unternehmen verweisen auf den Gesetzgeber: »Wir würden ja gerne – aber solange das gesetzlich nicht geregelt ist ...« Mit diesem Argument würde ich mich nicht erwischen lassen wollen.

Wie Seneca sagte: Quod non vetat lex, hoc vetat fieri pudor. Was das Gesetz nicht verbietet, verbietet der Anstand. Im Zusammenhang mit Moral auf den Gesetzgeber zu verweisen bedeutet die Verweigerung jedes moralischen Anspruchs. Aber kein Gesetz der Welt kann die Moral ersetzen.


## Was wir daraus lernen können

Als ich mit den Recherchen zur Kinderarbeit begann, hatte ich, wahrscheinlich wie Sie, den Eindruck: Teufelszeug! Muss mit Stumpf und Stiel ausgerottet werden! Heute weiß ich: Stumpf und Stiel sind wenig differenzierende Instrumente des Umgangs mit der Globalisierung. Kinderarbeit kann ein Verbrechen (im Zwangs-, Gefährdungs- und Ausbeutungsfall), sie kann aber auch ein Segen sein (wenn sie Hunger verhindert und Kinder gerne in der Familie mitarbeiten). Was ist der Netto-Effekt?

Genau dieses ökonomische Kalkül funktioniert nicht bei der Moral. Moral lässt sich nicht saldieren. Moral ist glücklicherweise absolut. Man kann genauso wenig ein bisschen moralisch sein, wie man ein bisschen tot sein kann. Und ob man das ist, erschließt sich wie beim Tod stets im Einzelfall: Ob ein Kind zur Arbeit gezwungen wird, erschließt sich zweifelsfrei im Einzelfall. Ob es freiwillig arbeitet, dito. Mit so einer Einzelfallprüfung ist der »einfache« Konsument überfordert? Das halte ich für eine Ausrede.

Neulich sagte eine dieser »einfachen« Mütter: »Wir kaufen alle gerne Bekleidung der Marke X. Da kommt jedes Jahr ein hübsches Sümmchen zusammen. Ich kann nicht bei jedem Apfel, den ich kaufe, nachschauen, ob er biologisch und auch noch moralisch sauber ist. Aber ob auf den Baumwollplantagen und in den Textilfirmen der Lieferanten unserer ›Hausmarke‹ Kindersklaven arbeiten müssen – das versuche ich gerade im Internet herauszufinden. Zur Not poste ich mich durch die sozialen Netzwerke, bis ich ganz normale Leute in den betreffenden Ländern dazu befragen kann.« Das ist es: die Globalisierung mit den Mitteln der Globalisierung nicht bekämpfen, sondern kultivieren, adeln, disziplinieren, moralisieren, verändern. Ob ein einzelnes kleines Mütterchen groß etwas erreichen kann, ist gleichgültig.

Ein moralischer Mensch verhält sich nicht deshalb moralisch, weil das effektiv oder auch nur effizient, aussichtsreich oder sozial geboten wäre. Ich weiß, es gibt in diesem Punkt auch wissenschaftlich fundierte andere Standpunkte. Mein Standpunkt lautet: Ich verhalte mich moralisch, auch wenn mir keiner dafür applaudiert und ich im Zweifel »nichts« damit ausrichten kann. Nebenbei gesagt: Man/Frau kann immer etwas erreichen – aber, wie gesagt: Das ist *mein* Moralverständnis.

Diesem meinem Moralverständnis folgend halte ich Moral auch nicht für ein demokratisches Phänomen: Die Mehrheit bestimmt nicht, was Moral ist (unsere eigene Geschichte sollte uns das eigentlich gelehrt haben). In vielen Ländern gilt zum Beispiel Korruption als »moralisch«. Ohne allzu viele Begriffe spalten zu wollen: Das mag in diesen Ländern normal sein. Für moralisch halte ich es allein deshalb nicht, weil Korruption auf lange Sicht immer einigen nützt und vielen schadet – auch und gerade in jenen Ländern, in denen Korruption normal ist.

Moral bemisst sich auch nicht danach, was und wie viel sie bewegt. Da scheint wieder die seltsame Denkweise auf, dass sich Moral lohnen muss – zumindest für mein Image! Wie wir alle nur zu gut wissen, ist das in aller Regel nicht der Fall. H&M tut das Richtige – und erntete von der *New York Times* prompt keinen Beifall, sondern die skeptisch hochgezogene Augenbraue. Die »einfache« Mutter recherchiert im Internet eine halbe Stunde, ob die neue Jacke ihres Sohnes von gepressten Kindersklaven zusammengenäht wurde – und ihr Mann zickt rum, wo denn das Abendessen bleibe. Nein, weil Moral sich lohnen würde, machen wir das sicher nicht.

Wir tun es, weil es das Richtige ist – das ist die Cowboy-Definition von Moral, und sie passt wie die Faust auf Auge. Wenn wir moralisch handeln, tun wir das Beste für jene, die von unserem Handeln betroffen sind. Wir tun für sie das Beste, aber – und das wird ständig übersehen: Wir tun auch für uns und unsere Familien das Beste. In unseren und allen anderen Zeiten ist nicht Reichtum, sondern Moral der größte Trost.

»Das Richtige ist das Letzte, was wir – auf uns allein gestellt –
tun würden, weil es das Letzte ist, von dem wir annehmen,
dass es das Richtige ist.«

*F. M. Alexander*

»Man kann der Gesellschaft nicht entkommen.«

*T. C. Boyle*

# 3 WER IST SCHULD AN DER UNMORAL?

Wir kommen nicht um sie herum, um die Schuldfrage. Wer ist schuld
an Kindersklaven und Fabrikbränden? H&M bezahlt den Living Wage,
den Lohn zum Leben (s. Kapitel 2). Andere Unternehmen nicht. Was
läuft bei denen schief? Warum sind die so unmoralisch?

Natürlich! Sie und ich und das Internet und die Medien wissen es:
die bösen Manager! Die sind an allem schuld! H&M hat eben gute
Manager und die anderen haben böse Manager.

Weil es uns so leicht fällt, in der Schuldfrage mit dem Finger
auf Manager zu zeigen, wenn es um den Living Wage und andere
Phänomene auf Herstellerseite geht, möchte ich für dieses Kapitel ein
anderes Bild wählen. Eine Vorstellung vom Konsum, die eben nicht
nur Manager betrifft, sondern uns alle. Wenn es uns alle angeht, sind
wir mit unserem Moralurteil und unserer Schuldzuweisung vielleicht
etwas überlegter. Also wählen wir etwas, das uns alle betrifft, Brotaufstrich zum Beispiel.

Brotaufstrich ist keine Moralinstanz, aber zur Klärung der Schuldfrage besser geeignet als einstürzende Fabrikhallen und der Living Wage.

Moral, als konkrete Ausprägung der Ethik, erweist sich beim
Handeln. Und das Handeln des modernen Menschen ist der Konsum. Das ist zwar eine etwas einfache, reduktionistische Betrachtung
unseres Handelns, aber sehr illustrativ: Wir wollen etwas über Schuld
und Moral erfahren? Gehen wir shoppen. Zum Discounter.

•

Dort kostet das Glas Honig (um einen konkreten Brotaufstrich zu wählen), je nach Sorte, 2,29 oder 2,39 Euro. Der Bio-Honig kostet 3,19 Euro. Für den fair gehandelten Honig aus dem Weltladen muss oder besser müsste ich dagegen stramme 4,99 Euro ausgeben. Also gut das Doppelte. Die Preise sind vom Einzelhandel um die Ecke, ausschließlich Sonderangebote. Lassen wir einmal beiseite, dass seit meiner Recherche der faire Honig inzwischen auch im ständigen Discounter-Sortiment aufgetaucht ist (zu 3,99 Euro) und machen die entscheidende Frage unabhängig von der Sortimentspolitik des Handels:

Was kaufe ich also?

Und wer ist ganz im Sinne unserer Schuldfrage »schuld« daran, dass ich mal wieder nicht den »richtigen« Honig gekauft habe?

Ich.

Die böse Konsumentin. Mea culpa. Wobei diese Selbsterkenntnis mit Schuldeingeständnis relativ selten ist. Häufiger höre ich: »Wenn der faire Honig auch so teuer ist!« So klingt die Abziehbild-Polemik des modernen Konsum-Barbaren. Immerhin lebt dieser Barbar im Geiz-ist-geil!-Neandertal und hat es so gelernt. Er hat nicht gelernt: Moral ist geil! Warum nicht?

Und wenn er den Unterschied zwischen Geiz und Moral nie erkannt hat – ist er dann immer noch selber schuld, wenn er den »falschen« Honig kauft?

Uns kommen erste Zweifel. Wenn der »böse« Konsument zwar falsch kauft, aber nicht wirklich böse ist, ist dann der böse Manager am Ende auch nicht so böse?

Um uns einer über billige Schuldzuweisungen hinausgehenden Antwort zu nähern, erweitern wir die einfache Betrachtung (nur Preis und Preis alleine) um zwei Unbekannte: Betrachten wir neben dem Preis des Honigs auch seinen Nutzen. Nicht nur den geschmacklichen Nutzen, sondern auch den Bonus-Nutzen: ein Menschenleben. Sie haben in Ihrem Honigglas schon so manches entdeckt, aber noch nie ein Menschenleben? Dann schauen Sie genauer hin.

# Ein Menschenleben für einsachtzig

Natürlich stöhnt der Geiz-ist-geil-Konsument zunächst beim Anblick eines fairen Preises. Aber das liegt nicht am Preis. Es liegt am Nutzen, den er für den Preis bekommt. Er sieht ihn nicht vollständig. Nicht auf Anhieb. Ein entscheidender Zusatznutzen ist verborgen unter John Rawls' *Veil of Ignorance*, hinter dem Schleier der Intransparenz. Dieser Nutzen ist intransparent, ist alles andere als klar, was angesichts seiner überwältigenden Größe paradox erscheint:

Fairer Honig rettet Menschenleben.

Für, im Vergleich zum Bio-Honig, nur rund 1,80 Euro mehr – nicht pro Tag, nicht pro Woche, sondern pro Glas – kann der mexikanische Kleinbauer im Urwald von Lacandona in Summe seine Familie ernähren. Das ist der Preis einer Familie im Zeitalter der Globalisierung. Einsachtzig.

Das ist der Knüller, das ist der Preishammer, das ist das Schnäppchen des Jahrhunderts: Rette Menschenleben für einsachtzig! Was fällt uns an dieser hysterischen Nutzenaussage auf?

Dass wir sie im Marketing der Fair-Trade-Kompanien nicht finden. Der Fair-Trade-Handel ist schuld an den Auswüchsen der Globalisierung, weil er den Zusatznutzen »Lebensrettung« nicht offensiv genug bewirbt? Das ist doch mal eine steile These. Aber ganz im Ernst: Ich frage mich, warum faire Werbung meist so zahm daherkommt. Wir tun der Moral keinen Gefallen, wenn wir so tun, als sei sie etwas moralisch Hochstehendes und kein simples Gebrauchsgut: Moral braucht Marketing. Moral braucht Transparenz.

Wie soll der unbedarfte Verbraucher denn ohne diese Transparenz erkennen, dass sein Honigkauf Menschenleben rettet? Soll er etwa selber darauf kommen? (Sie dürfen diese Frage wahlweise als Provokation oder blanke Ironie werten.) Wenn ich nicht weiß, was mir der Preisaufschlag eines ethisch einwandfreien Produktes einbringt – wie kann man dann mich, den Konsumenten oder den Manager, für eine ethische Fehlentscheidung verantwortlich machen?

Aber lassen wir die Schuldfrage für einen Augenblick beiseite und schauen noch einmal genauer auf die eben gewonnene Erkenntnis: Moral ist kein Selbstläufer. Moral braucht Marketing.

## Moral braucht Marketing

Für 1,80 Euro Leben retten? Das ist der Knüller-Slogan des 21. Jahrhunderts! Das ist Instant Marketing, wirkt unmittelbar. Der Verbraucher müsste schön dumm sein, zu diesem Preis nicht sofort zuzugreifen. Nie war es so einfach, gut zu sein! Du willst ein guter Mensch sein? Du musst kein toller Vater, keine Multitasking-Mutti sein! Kauf einfach den richtigen Honig – und rette die Welt!

Warum tun wir es nicht?

Unter anderem, weil genau diese Werbung fehlt. Der Moral fehlt der Honig ums Maul des Konsumenten. Es wird in unseren Tagen alles Mögliche beworben – Konsummoral eher selten. Haben wir es denn so nötig?

Können wir nicht selber über die wichtigen Fragen des Lebens nachdenken, ohne ständig von der Werbung stimuliert zu werden? Gute Frage. Und hat der Mensch denn überhaupt Interesse, über die zentralen Fragen des Lebens nachzudenken?

Die GFK Marktforschung Nürnberg ermittelte in einer Studie (2013), dass sich lediglich 37,1 Prozent der befragten Bundesbürger öfter die Frage nach dem Sinn des Lebens stellen. In der Vorläuferstudie vier Jahre zuvor waren es noch 44,9 Prozent: Zwei Drittel der Deutschen leben sozusagen sinnlos. Besonders sinnentleert ist, nicht wirklich erstaunlich, unsere Jugend. Von den 14- bis 19-Jährigen gaben drei Viertel an, sich nicht oft mit dem Sinn des Lebens zu beschäftigen.

Ich weiß, was ein unzulässiger Analogieschluss ist, aber ziehen wir ihn: Warum sollte sich jemand, dem schon der Sinn seines eigenen Lebens gleichgültig ist, mit etwas im Vergleich dazu recht Einfachem wie Moral befassen? Das bringt doch nichts! Im Gegenteil: Das läuft der eigenen Lebensgestaltung zuwider. Wer regelmäßig über den Sinn seines Lebens nachdenkt, könnte womöglich nicht mehr ungehemmt konsumieren – und das kann weder Konsumenten, Stichwort Instant Gratification (Sofortbelohnung), noch Produzenten in ihrem Umsatzstreben recht sein.

Wer keinen Sinn jenseits von Konsum, Status und Habenwollen sucht, hat auch kein Interesse an der Schuldfrage beim Konsumieren. Konsum (für Manager: Erfolg) ist Sinn an sich. Da bleibt kein Platz für Schuld.

Sich Sinn und Moral zu verweigern macht Sinn: Wer im Sinne einer übergreifenden Ethik sinnlos lebt, muss sich keine unbequemen Fragen, muss seinen Lebensentwurf nicht infrage stellen. Das ist ein individueller Grund für unsere Moralverweigerung. Es gibt noch einen kollektiven.

## Das Status-Syndrom

Es wird gerne so argumentiert: Wenn die Menschen nur wüssten, welches Unheil ihr Konsum, ihre Produktion, ihre Beschaffung anrichtet, würden sie moralischer konsumieren, produzieren, beschaffen. Ich halte diese Ansicht für naiv: Um sich diese Ignoranz zu erhalten, dürfte ein Individuum weder Internet noch Printmedien oder Nachrichtensendungen konsumieren – oder müsste bei deren Konsum massiv deren Globalisierungsgräuelmeldungen verdrängen.

»Wusstest du schon«, fragt der eine Sklavenhalter den anderen, »dass für Smartphones der Firma ... Studenten zur Fabrikfertigung zwangsverpflichtet werden? Ich lese das gerade im Internet.« – »Und auf welchem Smartphone?«

Selbst wenn der Smartphone-Sklavenhalter massiv verdrängt: Er hört schon täglich mit halbem Ohr in den Medien, was das Richtige wäre. Aber er *tut* es mehrheitlich nicht. Warum nicht?

»Ist mir doch egal, wer in China dafür blutet. Wenn alle meine Kumpels ein ...-Smartphone haben, muss ich auch so eines haben!« Natürlich *sagt* das keiner offen. Doch in Fragen der Moral schlägt konkludentes Handeln etwaige Lippenbekenntnisse. Es ist fallweise offensichtlich:

Status schlägt Moral.

Wir sind, wenn es um lebenswichtige Dinge wie Luxuskonsum und Smartphones geht, sehr oft und sehr weitgehend statusgetrieben, nicht moralgeläutert. Um Brecht zu variieren: Erst kommt das Smartphone, dann kommt die Moral. Wir würden ja gerne ethisch korrekt einkaufen, beschaffen und produzieren – aber ich mach mich doch nicht mit einem Popel-Handy (gemeint ist damit ein moralisch einwandfreies Modell) vor meinen Kumpels lächerlich! Kinder sagen das übrigens noch ganz offen und im Brustton der gerechten Empörung, wenn Eltern ihnen vorschlagen, ihr Must-have-Handy durch ein ethisch korrektes zu ersetzen oder nicht auf den vorübergehenden Werbetrick einiger Anbieter hereinzufallen und jedes Jahr ein neues Smartphone zu kassieren. Erwachsene sind nicht so ehrlich. Sie entledigen sich der Moral auf elegantere Weise.

Bei ihnen hat das moralisch saubere Handy dann irgendwelche »technischen Unzulänglichkeiten«, die es ihnen unmöglich machen, damit zu telefonieren – oder eine bestimmte App zu benützen. Oder man beklagt die »umständliche« Beschaffung des Artikels. Oder man weist darauf hin, dass bei »meiner heftigen Benutzung ein Handy sowieso nach einem Jahr futsch ist«. Noch die fadenscheinigste Ausrede muss dafür herhalten, unser Statusstreben nach dem jeweils aktuellen Status-Smartphone gegen ethische Erwägungen zu immunisieren. Dem faden Stolz, denselben Mist zu konsumieren wie Leute, die wir nicht wirklich mögen, aber mit deren vermutetem Urteil wir uns identifizieren, opfern wir Anstand, Moral und das Wohl anderer Menschen. Bevor unser Status leidet, sollen gefälligst andere leiden! Wir Sklavenhalter sind hoffnungslose Fälle? Natürlich – was dachten Sie? Wenn der Sklavenhalter so einfach tickt, sollten wir vielleicht mit und nicht gegen seine Statussucht arbeiten.

Denn selbst wenn die meisten von uns moralisch korrupt bis auf die Knochen wären und sich nur im äußersten Notfall für ein ethisch einwandfreies Produkt entscheiden würden, könnte man diesen Notfall rasch zum Normalfall machen, indem man zwei Dutzend A-Prominente aus Politik, Sport, Unterhaltung und Wirtschaft dazu bringt, vor laufender Kamera Sätze zu sagen wie: »Ich kaufe keine Kleidung, für die Menschen leiden müssen!« Mit dieser Erhebung in den Celebrity-Status wäre der Statusgewinn der Nachahmung insbesondere für Komplementär-Narzissten und Celebrity-Fans bedeutend höher, als er es jetzt ist. Im Augenblick hat Moral schlicht zu wenig Status, um ernst genommen zu werden. Sie ist nicht »in«, womit wir wieder beim Moral-Marketing wären.

Es gibt übrigens schon lange Promi-Kampagnen, in denen Filmstars verkünden, lieber nackt als mit Pelz bekleidet zu sein. Der Tierschutz hat bereits Celebrity-Status – wann zieht der Menschenschutz nach? Es gibt noch einen dritten Grund, warum uns die Moral- und Schuldverweigerung so leicht fällt.

## Nichts denken, nichts sagen

Manager kennen den schönen Spruch:»Man kann nur managen, was man messen kann.« Moral ist einfacher: Wer nicht darüber reden kann und will, kann und will es meist auch nicht tun. In der angewandten Ethik nennt man das den»New-York-Times-Test«. Stellen Sie sich vor, über Ihre Konsum- und anderen Handlungen würde in einer der weltweit bekanntesten Zeitungen berichtet werden. Wenn Sie das guten Gewissens bejahen können, ist die Chance groß, dass Ihre Handlungen auch moralisch sind.

Voraussetzung für eine Gleichgültigkeit gegenüber möglicher Schuld ist Sprachlosigkeit oder die Unwilligkeit, darüber zu sprechen. Was unsere Schuld bei der Globalisierung angeht, herrscht Schweigen im Walde.

Ich habe zum Beispiel beim Discounter noch nie jemanden beim Griff ins Regal sagen hören:»Wow, das ist aber ein unfairer Honig!« Diese moralische Sprachlosigkeit beginnt nicht erst beim Konsum. Sie ist weit verbreitet, überall präsent, Teil unserer Kultur. Sie erhält die Unmoral aufrecht. Sie begegnet uns überall; zum Beispiel auf dem Fußballplatz.

Zwei Teams zehnjähriger Knirpse spielen mit-, gegeneinander? Ein Fußballvater brüllt an der Seitenlinie:»Jetzt hau die faule Sau doch auch mal um!« Eine der anwesenden Mütter bittet ihn, die Kinder nicht zu körperlicher Gewalt anzustiften. Man könnte das durchaus als Beginn einer Moraldiskussion verstehen. In einem Roman oder Fernsehspiel wäre es das. In der Realität endet die Diskussion, bevor sie begonnen hat. Der angesprochene Vater sagt:»Kümmern Sie sich um Ihre eigenen Angelegenheiten.«

Ich bin mir sicher: Dieser Vater wusste, dass er sich zweimal falsch verhalten hat, und außerdem, dass er weder seinen Sohn noch die besorgte Mutter vorsätzlich oder bösartig anblaffen wollte. Er ist, soweit wir das beurteilen können, nicht *unmoralisch*. Nur *sprachlos*. Sein Unrechtsempfinden ist intakt, er kann es bloß nicht artikulieren – was möglicherweise die schlimmere Untugend ist: Moral ist die eine Sache – aber die eigene Muttersprache nicht zu beherrschen? Davor schützt auch kein MBA.

Ein Executive Coach berichtet von einem Abteilungsleiter, der seinen Vorgesetzten mit getürkten Zahlen versorgt, sodass sich dieser bei einer Vorstandspräsentation blamiert. Auf die Frage des Coaches, warum er das getan habe, sagt der Manager:»Das geschieht ihm grad recht! Dieser Gauner behandelt uns wie Dreck!« Der Coach fragt, ob der Manager das dem Vorgesetzten schon einmal nach den Regeln des Feedbacks mitgeteilt habe. Worauf der Manager erwidert:»Mit dem kann man doch eh nicht vernünftig reden.« Versucht hat er es also nicht. Er ist de facto sprachlos.

Diese allgemeine Sprachlosigkeit in Dingen der Moral macht übrigens Ihre Anwesenheit in diesem virtuellen literarischen Raum (vulgo: Buch) umso bemerkenswerter. Offensichtlich sind Sie nicht (mehr) sprachlos. Im Ernst: Das ist eine Leistung, die man heutzutage nur noch selten beobachten kann. Wir unterhalten uns immerhin seit mittlerweile drei Kapiteln über einen Sachverhalt, der die dezidierte Artikulationsfähigkeit der meisten Menschen übersteigt. Warum sind nicht mehr Menschen dazu in der Lage?

Wer schuldfähig im Sinne der Verbrechen der Globalisierung sein möchte (möchte das jemand?), muss erst einmal artikulationsfähig sein. Das sind wir mehrheitlich nicht. Wer ist wiederum daran schuld?

Schuld sind, natürlich: Elternhaus, Schule, Medien und Politik. Diese Institutionen sind doch wohl verantwortlich dafür, jungen Menschen moralische Sprachkompetenz beizubringen! Das sagen Sie und ich. Das erwarten wir unter anderem von unseren Lehrern. Was sagen unsere Lehrer dazu?

»Ich erwarte überhaupt nicht, dass meine Studierenden später einmal ihren Chef konfrontieren: ›Ich halte das, was Sie da tun, für ethisch falsch.‹ Aus den klassischen Studien zum Gehorsam gegenüber Autoritäten von Stanley Milgram und zum Konformismus in Gruppen von Solomon Asch wissen wir, dass Menschen gegen ethische Zumutungen nicht einmal in Laborsituationen aufbegehren. Und da soll ich erwarten, dass meine Studierenden sich später einmal gegen ihren Vorgesetzten stellen? Ein solcher Ansatz, Ethik zu lehren, würde nicht gerade von psychologischer Kenntnis zeugen.«

*Jonathan Haidt, Moralpsychologe und Professor für Ethik in der Wirtschaft an der New York University, im Interview in* Psychologie Heute *(2014)*

Wohlgemerkt: Das sagt ein Professor, der ökonomische Moralpsychologie lehrt. Das ist doch mal 'ne kesse These: Die Universität hat keinen Erziehungsauftrag. Sie vermittelt Wissen, keine Handlungskompetenz. Moral zum Auswendiglernen. Moralisches Vokabelpauken. Theorie pur. Praxis? Absage aus pädagogischen Gründen: Hat ja eh' keinen Wert. Warum nicht?

Einer der renommiertesten Moralwissenschaftler verzichtet darauf, seine Studierenden zur Moral zu erziehen – weil er nicht gegen das gesellschaftliche Sanktionssystem ankommt: Moral wird bestraft.

## Warum moralisch managen, wenn Moral bestraft wird?

Wie bitte? Manager werden bestraft, wenn sie moralisch managen?

Weil das eine so ungeheuerliche These ist, spiegeln wir sie erst einmal in den normalen gesellschaftlichen Kontext hinein und ersetzen die Hauptperson durch eine Person, die über jeden Zweifel erhaben ist: eine Mutter.

Da macht die Mutter, die wir ausgewählt haben, trotz Zeitnot tatsächlich ausnahmsweise einmal einen Umweg für einen fairen Einkauf, kommt deshalb fünf Minuten zu spät zum Kinderturnen und wird von ihren beiden im Auto ungeduldig tobenden Kindern nicht mit Verständnis und Anerkennung belohnt, sondern mit Wutgeheul bestraft. Natürlich ist das ein an Trivialität nicht zu überbietendes Beispiel. Und das ist gut so. Je simpler etwas ist, desto allgemeingültiger ist es. Und natürlich können die Kleinen die Tragweite des Umweges der Mutter nicht überblicken! Doch genau darum geht es mir: Warum hat sie ihren Kleinen nicht lange vor deren Wutgeheul beigebracht, dass Fairness wichtiger als Kinderturnen ist? Als Antwort auf diese Frage hat Nick Hornby einen Roman geschrieben: How to Be Good.

Darin wünscht sich eine Ärztin, dass ihr Gatte seinen Zynismus und seine Weltverachtung aufgibt und endlich ein »besserer Mensch« werde. Wie durch ein Wunder wird er es tatsächlich und gibt als erste Moralhandlung einem obdachlosen Jugendlichen den gesamten Inhalt seiner Geldbörse, 80 britische Pfund, weshalb das Ehepaar nun nicht mit dem Taxi, sondern mit der überfüllten U-Bahn von der Oper nach Hause fahren muss. Die Gattin ist stinksauer und macht dem im Sinne des Wortes guten Mann noch vor der Oper Vorhaltungen, worauf wiederum Passanten, die Zeugen der Szene sind, aber selber nichts spendeten, sie für eine egozentrische Megäre halten.

Der Romancier Hornby hat mit dieser kleinen Anekdote die perfekte Parabel für die real praktizierte Moral der fünffachen Absurdität konstruiert: Wer ethisch handelt, kriegt erstens schon mal keine Anerkennung, zweitens Schelte und Statusabzug – und das, drittens, von jenen, die sich selber, meist durch Unterlassung, unethisch verhalten. Kritisiert wird diese moralische Unterlassungssünde dann, viertens, von jenen, die einen ganz starken moralischen Standpunkt einnehmen, aber selber, fünftens, keinen Finger krümmen. Kein Wunder also, dass Sklavenhalter keine Moral haben: Die schadet ja nur!

Es ist schwer, angesichts dieses Wahnsinns nicht sarkastisch zu werden.

## Die Grundsätze der Globalisierung:

1. Handle ethisch – und werde dafür bestraft!
2. Fordere moralisches Handeln von anderen im Voraus ein – aber tadele sie danach dafür!
3. Erlaube ihnen nur dann, gut zu sein, wenn das für dich keine Unannehmlichkeiten mit sich bringt.

4. Tadele ihre moralischen Bemühungen, um selber nicht moralisch tätig werden zu müssen – und damit der moralisch Handelnde sich nicht etwas darauf einbildet!

5. Tadele jene, die jene tadeln, die moralisch handeln!

6. Tadele jene, die moralisch Handelnde tadeln – aber handle selber nicht moralisch!

7. Empöre dich – über moralisch Handelnde! Deine Empörung überdeckt deren Empörung über moralische Missstände.

8. Wer sich am heftigsten empört (s. o., Kapitel 2, Schwäbisch Gmünd), setzt die moralischen Maßstäbe.

9. Wer sich im Internet, in Leitartikeln oder am Stammtisch am plakativsten aufregt, hat gewonnen: Empörung ersetzt Moral.

10. Es ist einfacher und lohnender (da statusträchtiger), sich über Moral aufzuregen, als sie zu pflegen.

Das ist absurd? Nein. Absurd ist, dass viele Menschen dieses absurde Regelwerk im Alltag regelfester beherrschen als das BGB, die Zehn Gebote, den Knigge und die Prinzipien des allgemeinen Anstands zusammengenommen.

## Wie erziehen Sie Ihr Kind?

Wer sich moralisch verhält, wird nicht belohnt, sondern kriegt eins auf die Mütze. Wir haben das für den Alltag anekdotisch belegt – aber das gilt natürlich auch fürs Management. Denn das Management ist immerhin noch ein Teil unserer Gesellschaft. Diese Alltagserkenntnis treibt intelligente Menschen in den tiefsten Erziehungs-, Familien- und Kulturpessimismus:

> »Entweder erziehe ich jemanden zu einem guten Menschen. Oder zu einem, der für dieses Leben taugt. Beides unter einen Hut bringen kann man nicht.«
>
> *Christine Nöstlinger, Kinderbuchautorin* (Die feuerrote Friederike), *im SZ-Interview (2013)*

Erzieht der oben erwähnte Fußballvater seinen Jungen zur sportlichen Fairness, kommt der nach jedem Spiel mit blauen Flecken heim: ein guter Mensch, aber untauglich für das Spiel des Lebens. Weist der Vater ihn dagegen in die Kunst des unsichtbaren Revanche- oder prophylaktischen Fouls, der sogenannten »Notbremse«, ein, kann der Kleine beim Fußballspiel des Lebens mithalten, beteiligt sich aber an der allgemeinen Unfairness. Oder wie eine befreundete Mutter das mal ausdrückte: »Entweder mein Kleiner wird ein Egomane oder ein Weichei. Ich glaube, Egomane ist besser für Einkommen, Karriere und Familiengründung. Keine Frau will ein Weichei heiraten ...«

Nöstlinger ist bekennende Erziehungspessimistin. Goethe war (im *Faust*) ihr optimistischer Gegenpol: »Ein guter Mensch in seinem dunklen Drang ist sich des rechten Weges wohl bewusst.« Nöstlinger würde wohl erwidern: Das ist doch gerade das Absurde! Er *ist sich* des Weges *bewusst* – aber *beschreiten* wird er ihn nicht. Weil er nicht scharf darauf ist, von den eigenen Kindern, dem Partner oder der Gesellschaft abgestraft zu werden. Nicht nur Status schlägt Moral. Auch Peer Pressure und die Lebenstauglichkeit im »falschen Leben« (Adorno) zwingt die Moral in die Knie. George Lucas hat einen Film dazu gemacht.

## Das Imperium schlägt zurück

Wir sollten nicht auf Hollywood-Propaganda hereinfallen. Im Blockbuster rettet der Held die Welt – und kriegt am Ende Applaus, Orden und das Mädchen. Im wirklichen Leben kriegt, wer ethisch handelt, nur Ärger.

Das hat die Moral mit der gelebten Intelligenz gemein: Beide sind zwar auch abhängig von der Person, aber noch viel stärker kultur- und situationsbedingt. Wie intelligent sich jemand in einer gegebenen Situation verhält, hängt nicht so sehr von seinem Intelligenzquotienten ab, sondern vielmehr davon, wie schnell das Umfeld, sozusagen das »böse Imperium«, daraufhin »Streber! Nerd! Geek! Angeber! Besserwisser!« ruft – weil Beschimpfungen den Status via soziale Anerkennung heben. Der Mensch ist immer nur so intelligent, respektive moralisch, wie sein soziales Umfeld das zulässt. Ein falscher Schritt in Richtung von »zu viel« Moral – und das Imperium schlägt zurück. In unserer realen Welt hat sich deshalb eine Art inverses Samaritertum etabliert: Der gute Samariter hilft – aber danach verklagen sie ihn.

Bevor etwaige rudimentäre moralische Anwandlungen eines Individuums sich manifestieren können, schlägt das Imperium zurück; Aldous Huxley *(Schöne Neue Welt)* und William Golding *(Herr der Fliegen)* lassen grüßen. Der einzelne Mensch oder Manager wollte vielleicht hin und wieder gerne ethisch handeln – doch die Gesellschaft hat den guten Samaritern den Kampf angesagt. Kampf ist aber gar nicht nötig. Der moderne Lemming fällt ganz ohne Kampf um.

## Homo Lemming: Die Konformismus-Experimente

Wer Schuld und Moral im Jahrhundert der Globalisierung verstehen will, muss Konformismus verstehen. Der Moralpsychologe Jonathan Haidt (s. o.) begründet die herrschende Unkultur der Unmoral explizit mit den Konformismus-Experimenten von Solomon Asch (1951):

Ein Proband soll sagen, welcher von drei an die Wand projizierten Strichen gleich lang ist wie eine Referenzlinie. Das ist banal: Die Übereinstimmung zum Beispiel des dritten Striches mit der Referenzlinie ist zweifelsfrei erkennbar. Das sagt der Proband auch. Dann werden vier neue Linien an die Wand projiziert. Der Proband soll wieder schätzen. Immer liegt er richtig (Fehlerquote unter 1 Prozent). Sobald jedoch weitere Teilnehmer (Assistenten von Solomon, inkognito: »Komplizen«) im Raum sind und steif und fest eine bewusst falsche Antwort geben, schließen sich in 37 Prozent der Fälle die Probanden wider besseres Wissen und Gewissen der Mehrheitsmeinung an. Quod erat demonstrandum: So schnell ist die Moral futsch.

Man braucht dafür weder Waterboarding, Daumenschrauben oder Bestechung noch die Androhung körperlicher Gewalt. Was die Mehrheit, der Leithammel oder der Platzhirsch oder einfach nur ein aufdringlicher Passant sagt, ist Moral.

Die Realität ist schlimmer als das Experiment. Wenn »nur« 37 Prozent leicht beeinflussbar sind, dann müssten immerhin 63 Prozent moralfest sein – und zum Beispiel den »richtigen« Honig kaufen oder keine Kindersklaven in der Produktion beim Lieferanten dulden. Tun sie aber nicht – wie die Verkaufszahlen belegen: Der Homo Lemming scheint Moral mit Mode zu verwechseln.

## Moral als Mode

Natürlich sträubt sich auch noch das winzigste Moralverständnis gegen die Vorstellung, Moral sei »bloß« eine Mode. Pikanterweise stützen die oben geschilderten Konformitätsexperimente diese Vorstellung. Das Asch-Experiment wurde später in Varianten repliziert, so auch mit variabler Gruppengröße. Und natürlich wird die Mode-Hypothese dadurch progressiv bestätigt. Je größer die Gruppe, desto größer der Konformitätsdruck auf den Einzelnen. Die Gruppengröße der Konsumenten geht in Zeiten der Globalisierung in die Milliarden, jene der Manager in die Millionen ... Kein Wunder, dass Menschen da moralisch umkippen und Haidt von seinen Studierenden nicht erwarten möchte, dass sie nach ihrem Studium der Moral in der Wirtschaft tatsächlich Moral in der Wirtschaft beweisen. Sie fallen um – und der Professor weiß das nicht nur, sondern rechnet förmlich damit, verzeiht es ihnen sogar vorsorglich. Wir leben in modernen Zeiten!

In unseren Zeiten ist der vorauseilende Ablasshandel allzu weit verbreitet. Im Mittelalter musste man wenigstens vorher noch sündigen, bevor man ablasshandeln konnte. Heute kriegt man die Generalabsolution schon mit der Master-Urkunde ausgehändigt, worauf im Kleingedruckten zu lesen ist: »Der Inhaber dieser Urkunde kann zu keinerlei moralischem Handeln verpflichtet werden«. Das nenne ich Fortschritt.

Einer sagt: »T-Shirts für 3 Euro sind unethisch!« Zwei andere sagen: »Nö, sind sie nicht!«, und schon stimmt der Erste ein: »Natürlich nicht!« – und glaubt das nicht nur, sondern kauft das T-Shirt auch gleich. Das ist das Gruselige am aktuell ablaufenden globalen Asch-Experiment: Der Umfaller sagt sich nicht: »Naja, um des lieben Friedens willen gebe ich nach!« Nein, er *glaubt* den Unfug tatsächlich. So leicht ist die Moral der Massen zu manipulieren. Moral als galoppierender Opportunismus: Was die Masse will, ist Moral!

Der Mensch ist gut, aber das System ist böse. Das ist das Problem. Wir übersehen bei einer solchen Behauptung, dass sich in diesem Problem bereits die Lösung versteckt: Wenn sich einige Menschen ethisch verhalten würden, das System aber korrupt ist – dann: Ändere das System!

## Die Moral-Revolution

Auf den ersten Blick sieht Aschs Konformitätsexperiment wie das Todesurteil für die Moral einer Gesellschaft aus. Aber der erste Blick täuscht. Das Experiment ist zwar peinlich für die menschliche Rasse, aber zugleich eine Bauanleitung für Moral Engineering: Du willst Moral? Dann halte die Gruppen klein!

Mit abnehmender Gruppengröße sinkt auch der Konformitätszwang. Eltern praktizieren das Moralmanagement der kritischen Gruppengröße oft unbewusst brillant:

Kind: »Aber ich will ... (irgendein neues Gadget). Alle Kinder in meiner Klasse haben so eines!«

Vater/Mutter: »Das ist schön. Du lebst aber nicht in der Klasse, sondern in dieser Familie. Und diese Familie möchte nicht 240 Euro für etwas ausgeben, das weder nötig noch nachhaltig ist.«

Sehen sich die Eltern in der großen Gruppe aller Eltern der Klasse oder gar der Schule, sind Uniformitätsdruck und Statuszwang zu hoch. Wird der »relevante Markt« jedoch auf die Familie begrenzt, kann man die eigene moralische Entscheidung auch gegen das (Fehl-)Urteil von ein, zwei Kindern durchsetzen. So leicht ist Moral manchmal. Wenn man weiß, wie sie funktioniert. Wenn man ihre Hebel kennt.

Ein noch viel mächtigerer Hebel als die Gruppengröße ist etwas, das in unseren Tagen seltener ist als Gold und Edelsteine.

## Offenheit schafft Moral

Weil Solomon Asch mit seinem Experiment einen Knüller landete, wurde es massenhaft repliziert und variiert. Eine Variante ist besonders interessant: Asch hatte seinen Probanden nicht erlaubt, vor ihrer (Fehl-)Schätzung mit den anderen Anwesenden zu interagieren. In späteren Experimenten, in denen genau das erlaubt war und zum Beispiel einer der »Komplizen« in der Diskussion seine irreführende Meinung aufgab, sank die Rate der falschen Zustimmung bei den Probanden drastisch. Wir folgern daraus:

Offenheit bricht Konformitätsdruck.

Wenn Menschen offen miteinander reden, hat die Unmoral einen schweren Stand. Wer für Offenheit kämpft, kämpft für die Moral. Oder bezogen auf unsere Schuldfrage: Wer offen redet, kann nicht schuldig werden. Natürlich kommt es letztendlich nicht aufs Reden, sondern aufs Handeln an, doch die Korrelation ist augenfällig: Du kannst nicht tun, was du nicht sagen kannst. Oder anders herum: Wer offen redet, handelt eher moralisch.

Die Bedeutung der offenen Kommunikation für Moral und Schuldfrage bestätigen mir oft Absolventen, die ich nach ein, zwei ersten Berufsjahren auf ein Wort treffe. Manche beklagen die mangelnde Moral in ihrem Teil der Wirtschaft. Andere nicht. Der Unterschied? Unter anderem eben auch Offenheit. Was hat es damit auf sich?

Wir alle wissen, dass totalitäre Systeme in der Regel unmoralisch sind und dass Hierarchien ganz besonders anfällig sind für Totalitarismus. So gesehen arbeiten die meisten von uns in einem totalitären System. Andere nicht. Was ist der Unterschied? Der Laie meint: die Unterdrückung, eine repressive Unternehmens-, Familien-, Partei- oder Gruppenkultur. Ober sticht Unter! Das ist der Unterschied – aber nicht die Ursache.

Die eigentliche Ursache für Unmoral wird insbesondere in Systemen mit flacher Hierarchie augenfällig – wie zum Beispiel in Familien oder Sportteams. Manche meinen: Je machtversessener dort Einzelne oder eine Clique auftreten, desto weniger trauen sich die anderen, den Mund aufzumachen. Meiner Erfahrung nach ist es genau umgekehrt: Je weniger offen kommuniziert wird, desto länger und heftiger kommt der moralische Blindgänger mit seinem Fehlverhalten durch.

In moralisch agierenden Systemen, Unternehmen, Abteilungen und Projektgruppen wird Offenheit nicht nur toleriert, sondern geradezu eingefordert: »Was halten Sie davon? Bitte um Ihre ehrliche Meinung.« Diese offene und ehrliche Äußerung wird dann auch nicht sanktioniert nach dem Muster: »Was fällt Ihnen ein? Sie haben doch keine Ahnung!« Verstoßen Systemmitglieder gegen das Primat der Offenheit, moderiert das umgehend ein Kollege oder Vorgesetzter: »Bitte lassen Sie die ehrliche Meinung eines Kollegen stehen!«

Wie lauten die ungeschriebenen Gesetze der Kommunikation bei Ihnen im Beruf, in der Familie, im Verein? Leider tritt allzu oft anderes auf: Ausreden anbringen. Schönreden und »Ach, alle schwindeln doch ein wenig!«. Niemand hat behauptet, dass Offenheit ein verbreitetes Phänomen sei. Aber eines, das sich herstellen lässt.

Meiner Erfahrung nach braucht man in einer sozialen Gruppe diese moralbildende Offenheit lediglich ein, zwei Wochen lang relativ konsequent anzusprechen, einzufordern, zu fördern und verbal zu bestätigen – und schon entwickelt sich als erwünschte Nebenwirkung eine lebhafte Moral. Denn irgendwann nutzt immer eine(r) die Offenheit, um zu sagen: »Also, was wir da gerade planen, halte ich gegenüber den Lieferanten in der dritten Welt nicht gerade für vorteilhaft.« Aber: Versuchen Sie das mal in einem »normalen« Betrieb, und Sie werden sofort wegen Majestätsbeleidigung an den Verbalpranger gestellt: »Ein guter Teamplayer sind Sie wohl nicht ...« Und exakt an dieser Stelle irren die Zivilisationspessimisten: Es kommt eben nicht nur auf die dumpfe, unmoralische Masse an, sondern doch aufs Individuum. Im Beruf heißt das: auf den Vorgesetzten. Welche Kommunikationskultur hat Ihrer?


## Die Mutter der Moral

Eine offene Kommunikationskultur ist die Mutter der Moral. Ohne sie gibt es Moral nicht. Das ist logisch – aber es ist nicht psychologisch, wie ein Blick in die Praxis zeigt:

Mitarbeiter: »Wie wirken sich unsere neuen Spezifikationen
auf unsere Dritte-Welt-Lieferanten aus?«

Vorgesetzter: »Wenn es Ihnen nicht passt, können
*Sie* ja die Supply Chain managen!«

Dies ist ein Originaldialog aus einem Management-Meeting. Was ist mit diesem Vorgesetzten los? Er nimmt's persönlich. Er missversteht eine sachliche Nachfrage als persönlichen Angriff. Ja, natürlich ist das neurotisch! Aber woher hat dieser Vorgesetzte denn dieses verletzliche Selbstwertgefühl, das ihn dazu veranlasst, erst die offene Kommunikation und dann die Moral zu verhindern?

Vielleicht kann man Menschen noch nicht einmal an einer Hochschule moralisches Verhalten beibringen. Aber ganz sicher kann man ihnen die Prinzipien offener Kommunikation vermitteln, diese in Hörsaal und Seminarraum ad nauseam, bis zum Überdruss, einstudieren – und damit nicht nur ihr moralisches Verbalrepertoire, sondern auch ihr Selbstwertgefühl stärken. Wer offen seine Meinung sagen darf und wer bis zur Bildung einer Gewohnheit eingeübt hat, jedem anderen dieses Recht ebenfalls zuzugestehen, kann nicht umhin, ein starkes Selbstwertgefühl zu entwickeln: Er hält immerhin die offene Meinung eines anderen aus – genau das, was viele Vorgesetzte nicht schaffen, weil sie nie darin trainiert wurden. Was sagt übrigens das Seminarprogramm der Führungskräfteentwicklung in Ihrem Unternehmen dazu?

Zugegeben: Offenheit funktioniert nicht einmal oder am allerwenigsten in vielen Familien. Aber das ist kein Argument gegen diese Form des Kommunikationstrainings und der Förderung eines gesunden Selbstwertgefühls, sondern eher dafür.

»Na, dann ist die Lösung klar«, warf mal ein Personalvorstand an dieser Stelle der Diskussion ein: »Dann sortiere ich einfach alle Selbstwertschwächlinge aus dem Bewerberpool aus!« Das ist unfein formuliert, aber tatsächlich ein Versäumnis unserer Wirtschaft: Wir wählen die Bewerber nicht nach ihrer moralischen Haltung aus, und das nicht nur im Management. Auch kein Sachbearbeiter muss sich einer Moralprüfung unterziehen. Grob gesprochen können bei uns immer noch die größten Moralversager bis ins Topmanagement aufsteigen.

Aber woher soll man denn wissen, ob ein Manager später einmal zum Sklavenhalter wird? Das sieht man ihm im Bewerberinterview doch nicht an der Nasenspitze an, oder?

## Moral Screening

Blicken wir in eine durchschnittliche, reale Fachabteilung eines Unternehmens. Da wird gemanagt, sachbearbeitet und verwaltet. Da werden aber auch, pardon my French, Kunden beschissen, Kolleginnen und Kollegen gemobbt, Lieferanten gesqueezt, arbeitsschutzrechtliche Vorschriften ignoriert, der Arbeitgeber bestohlen, Intrigen gesponnen, üble Nachrede geübt, krank gefeiert, Geschäftspartner über den Tisch gezogen und jede Verantwortung für Fehlverhalten konsequent verdrängt. Wer hat diese Moraltorpedos eingestellt?

>»Man muss den Mitarbeiter beim Gehaltsgespräch so
>schnell übern Tisch ziehen, dass er die dabei entstehende
>Reibungshitze für Nestwärme hält.«
>
>*Spruch eines Managers; Führungsspanne 25 Mitarbeitende*

Was wird alles mit formalisierten, standardisierten Bewerberauswahlverfahren abgeprüft! Fach-, Sozial- und Kommunikationskompetenz, Team- und Methodenkompetenz – aber grundsätzlich keine Moralkompetenz. Dabei wäre das problemlos zu haben. Was testen Ihre Bewerbertests? Woran würden Sie unmoralische Bewerber erkennen?

Das ist eine interessante Frage: Woran erkennen Sie, dass ein Bewerber sich im späteren Beziehungs-, Ehe-, Familien- oder Berufsleben mit hoher Wahrscheinlichkeit unmoralisch verhalten wird? Welche persönlichen Eigenschaften begünstigen unmoralisches Verhalten? Schummeln beim Kartenspielen? Abgucken in der Schule? Kopierpapier mitgehen lassen? Worauf tippen Sie? Und worauf tippen Psychologen?

»Psychologen können Persönlichkeitsmerkmale messen,
die unethisches Verhalten begünstigen. Dazu zählen beispielsweise
niedrige Werte für Empathie, hohe psychopathische Werte
und gering ausgeprägte Gewissenhaftigkeit.«

*Jonathan Haidt in* Psychologie Heute *(2014)*

Hätten Sie's gedacht? Wenn das so einfach ist, dann: Sortieren wir
sämtliche Empathie-Gestörten und Psychopathen aus dem Management aus! Das ist nicht so einfach? Das ist nicht der Punkt. Der Punkt
ist: Wir brauchen Psychopathen.

## Irre Manager

»Normale« Menschen gehen davon aus, dass man vernünftig sein
muss, um im Beruf Erfolg zu haben. Schon ganz früh trieb mir
auf einer Fachtagung ein Personalleiter diese Flause aus. Er sagte:
»Normal? Mit Normalität kommen Sie im Management nicht weit.
Manager müssen schon ein wenig verrückt sein, wenn sie überdurchschnittlich erfolgreich sein wollen!«

Mir fällt dazu spontan Richard Branson, mit Vollbart und als
Stewardess verkleidet, auf einem AirAsia-Flug ein. Er hatte eine Wette
verloren. Oder Steve Ballmer, wie ein zugedröhnter Flummi auf der
Bühne herumhüpfend und Inkohärentes brüllend – ein Video mit einer Gazillion Klicks im Internet. Dass beide sich verrückt verhielten,
bestreitet keiner. Dass beide extrem erfolgreich sind, genauso wenig.
Selbst für den unbefangenen Beobachter scheint es einen Zusammenhang zwischen wahnsinnig und wahnsinnig erfolgreich zu geben. Oder
wie Kerstin Bund und Marcus Rohwetter in *ZEIT Online* provozierten:
»Wie gestört muss man sein, um Besonderes zu leisten?«

Dass Genie und Wahnsinn eng beieinander liegen, weiß der Volksmund. Tatsächlich sind Manager »mit Macken« oft sehr viel erfolg-
reicher als »normale« Menschen. Der Umkehrschluss jedoch ist mehr
als wackelig: Man(ager) *muss* nicht verrückt sein, um herausragend
erfolgreich sein zu können.

Wie der Psychologe Robert Hare aus Vancouver und der New Yorker Unternehmensberater Paul Babiak mit Hunderten Managerinterviews herausgefunden haben, finden sich im Management dreieinhalbmal so viele Psychopathen wie im Durchschnitt der Bevölkerung: Management als Mackenmagnet. Wohlgemerkt: Es gibt – prozentual – dreieinhalbmal so viele verrückte Manager, wie es verrückte Menschen gibt – aber das heißt trotzdem nicht, dass *alle* Manager verrückt sind.

## Neurosen im Management

Der Vorteil einer Macke im Management ist manchmal, nicht immer: überdurchschnittlicher Erfolg. Der Nachteil: Chefs »mit Besonderheiten« verhalten sich nicht besonders moralisch.

Nicht weil Neurotiker automatisch böse wären. Sie sind es nicht! Sie sind neurotisch. Sondern weil jede Neurose einen blinden Fleck hat. Das ist das Wesen der Neurose: selektiver Realitätsverlust. Seltsamerweise liegt der blinde Fleck der meisten Neurosen unter anderem auf der Moral.

Uns allen geläufig ist der Vorgesetzte, der seinen Mitarbeitern scharfe Budgetkürzungen auferlegt – sich selber aber einen neuen, protzigen Firmenwagen leistet. Das ist empörend – für seine Mitarbeiter. Doch das sieht der Narzisst nicht, weil ihm die Empathie fehlt, um die Empörung anderer wahrnehmen zu können: »Was haben die denn? Das steht mir zu! Die sollen froh sein, dass ich nicht noch mehr gekürzt habe!« Wer sich nicht in andere einfühlen kann, kann nicht moralisch handeln, weil Moral eine Beziehungsfähigkeit ist: stets auf andere ausgerichtet.

Obsessiv-kompulsive Vorgesetzte sind da fast schon ein Segen: Bei ihnen muss alles perfektionistisch, pedantisch nach Schema F ablaufen – aber wenn jemand davon abweicht, macht der Chef nur mäßig Ärger. Schlimmer reagiert der paranoide Vorgesetzte. Wobei Paranoia nicht (wie oft unterstellt) Verfolgungswahn ist, sondern die Erklärung einer komplexen Welt mit übersimplifizierten Erklärungsmustern. Paranoiker verfolgen »Abweichler« mit gezücktem Schwert.

Antisoziale Vorgesetzte verhalten sich nicht deshalb unmoralisch, weil sie, wie der irreführende, aber politisch korrekte Begriff suggeriert, »asozial« wären, sondern weil für sie der Adrenalinstoß, der Kick, der Rush bei der Arbeit und im Leben so überragend wichtig ist, dass sie die Regeln des Anstands auch schon mal ignorieren.

Der Histrioniker wiederum ignoriert Moral und Anstand fallweise, um den Ruhm und die Anerkennung zu bekommen, die für ihn seelisch überlebenswichtig sind. Einmal ganz zu schweigen vom Borderliner, den wir hier aussparen, weil seine Persönlichkeit, wie der Begriff sagt, an der Grenze zum Psychotischen liegt.

Alle diese Neurosen finden wir gehäuft im Management.

Und von so einer Bande Durchgeknallter werden wir geführt, gemanagt, regiert, erzogen und mit den Gütern des Alltags versorgt? Ja, natürlich. Was dachten Sie? Wir treffen die Neurotiker überall und dreieinhalbmal so häufig im Management – weil man sie da besonders braucht und weil sie in gehobenen Positionen von Wirtschaft, Vereinen, Verbänden und Gesellschaft besonders erfolgreich sind. Der Begriff »Wahnsinns-Rendite« erhält da eine ganz neue Bedeutung ...

## Wahnsinns-Rendite

Man muss als Manager nicht neurotisch sein – aber es hilft durchaus. Für den Erfolg. Der Moral schadet es, wie eben skizziert. Damit erscheint die Schuldfrage in einem neuen Licht. Eigentlich stellt sie sich überhaupt nicht mehr.

Es geht bei der Moral nicht um Schuld. Es geht um Neurosen. Wenn ich den falschen Honig wähle, ist die Schuldfrage müßig. Konstruktiver wäre, mich zu fragen: Was treibt mich dazu? Wenn der Manager den thailändischen Rundstricker nochmals um 20 Cent pro T-Shirt drückt, dann erübrigt sich die Schuldfrage, weil er ganz offensichtlich schuldig ist. Aber mit dieser Feststellung kann er künftige Schuld nicht wirksam verhindern. Mit der Frage, was ihn dazu trieb, kommt er weiter. Denn neurotische Antreiber kann man abstellen. Und das ist bitter nötig. Denn das Management ist, wie gesagt, voll von Neurotikern (wie jede andere Gesellschaftsschicht auch). Das behaupte nicht nur ich. Das meint auch Albert J. Bernstein:

>»Es gibt viele Narzissten ohne echte Größe.
Aber es gibt keine echte Größe ohne Narzissmus.«

Er hat mit *Emotional Vampires at Work* das Lehrbuch des neurotischen Managements geschrieben. Oder wie es ein Organisationspsychologe formuliert:»Wer hat denn schon die Selbstüberschätzung, dreißig Leute und mehr zu führen, für sie die Verantwortung übernehmen zu wollen? Kein normaler Mensch. Dafür muss man ein ganz schöner Narzisst sein!«

Ohne gesunde Selbstüberschätzung wären Sie und ich heute noch mit Pferdedroschken unterwegs. Ohne Narzissmus gäbe es keine Kunst, keinen Spitzensport und keine Hollywood-Blockbuster: Neurosen sind gut für uns!

Wer ein Projekt bis zum erfolgreichen Ende durchziehen will, muss ganz schön obsessiv-kompulsiv, sowohl besessen als auch zwanghaft sein. Wer sich in Zeiten der Hyperkonkurrenz durchsetzen will, muss ein wenig paranoid sein.

>»Just because I'm paranoid doesn't
mean they aren't out to get me!«
*Bürospruch*

Locker übersetzt:»Nur weil ich paranoid bin, heißt das noch lange nicht, dass nicht überall Leute lauern, die mich drankriegen wollen!« Andrew S. Grove hat einen Bestseller dazu geschrieben: *Nur die Paranoiden überleben*. Histrioniker halten die besten Präsentationen und Verkaufsgespräche: Sie wollen um jeden Preis gefallen. Wir haben daher keine Adverse Selection (Fehlauswahl): Ausgerechnet die Unmoralischsten schaffen es ins Management.

Eben weil jede Neurose auch einen Differential Advantage, einen unübertrefflichen Wettbewerbsvorteil, hat, gewinnen die Neurotiker so oft den Wettbewerb um Einstellung, Karriere und Erfolg. Zu den

Schlüsselqualifikationen im 21. Jahrhundert gehören eben auch ganz oft Neurosen. »Wenn Frieden herrscht und das Staatsschiff nur auf Kurs bleiben muss, eignen sich geistig gesunde Führer«, sagt Professor Nassir Ghaemi aus Boston, Autor von *A First-Rate Madness*. »Wenn unsere Welt aber in Aufruhr gerät, eignen sich geistig kranke Führer am besten.«

Neurosen sind Erfolgs- und Karrieretreiber. Leider gerät bei solchen Karrieren dann regelmäßig nicht nur die Moral unter die Räder, sondern langfristig auch Familie, Gesundheit und Sozialleben. Brauchen Manager und Konsumenten also künftig ein psychologisches Gesundheits- und Führungszeugnis, bevor sie ins Management oder in den Supermarkt dürfen?

## Wohin mit neurotischen Managern?

Es geht nicht darum, ob die Manager schuld an der Globalisierung sind. Natürlich ist schuld, wer sich schuldig macht! Aber Schuld ist ein Symptom. Die Ursache ist neurotischer Natur. Nicht nur bei Managern, sondern bei uns allen; mich eingeschlossen (oder dachten Sie, ich sei der Buddha der Moral?). Also: Wohin mit uns Neurotikern?

Es gibt tatsächlich Unternehmen, die eine Moralauswahl betreiben und alles aussortieren, was (mit den vorhandenen Mitteln erkennbar) neurotisch-unmoralisch ist. Ein schwäbischer Mittelständler zum Beispiel sagt: »Bevor ich einen genialen Ingenieur einstelle, der auch mal ein Auge zudrückt, wenn irgendwo ein krummes Ding läuft, stelle ich lieber einen mittelmäßigen ein, der solche Sachen kategorisch nicht mitmacht. Das belastet zwar kurzfristig etwas, aber langfristig zahlt es sich doppelt aus, weil korrupte Genies meist einen Riesenschaden anrichten, wenn sie mal wirklich austicken.« Was der Mittelständler da implizit aufstellt, ist quasi ein Kalkül der Wirtschaftsmoral: Kurzfristig zahlst du drauf, aber langfristig machst du einen Schnitt mit Moral (das gilt auch für Konsumenten). Oder einfach: Ehrlich währt am rentabelsten. Das lässt sich übrigens belegen.

Ein Klassiker ist immer noch die Kienbaum-Studie, die errechnete, dass Unternehmen mit hohem Anteil an Neurotikern im Management knapp 3 Prozent Umsatzrendite erzielen, während Firmen mit »geistig normalen« Führungskräften es langfristig auf annähernd das Dreifache bringen.

Neurotiker im Management sind überdurchschnittlich *erfolgreich*. Das heißt aber nicht, dass sie *langfristig* überdurchschnittlich gut *fürs Unternehmen* sind. Sie sehen immer gut aus – deshalb steigen sie so pfeilschnell auf: Sie erscheinen besser als »normale« Manager. Sie sind es langfristig und bei näherem, das heißt quantitativem Hinsehen recht häufig aber nicht. Branson und Konsorten sind die berühmten Ausnahmen von der Regel. Auf jeden Branson kommen jedoch zehn Neurotiker, die eben nur Strohfeuer-Erfolge liefern – aber immer super dabei aussehen.

Leider sind Beurteilungssysteme, die langfristig und quantitativ arbeiten, noch recht selten. Die meisten Karrierewächter lassen sich von narzisstischem, histrionischem oder antisozialem Impression Management austricksen. Das ist nicht schlimm! Man muss Neurotiker nicht aussortieren – das wäre auch nicht besonders moralisch. Im Gegenteil.

Viele Unternehmen haben ihre Neurotiker tadellos integriert. »Spinnt« der Kollege oder Vorgesetzte etwas zu sehr – also so, dass es langfristig nicht mehr erfolgsträchtig und damit meist auch unmoralisch ist – schreiten Mitarbeiter, Kollegen oder Vorgesetzte ein. Das funktioniert natürlich nur in Systemen mit offener Kommunikation (s. o.).

## Therapie und Integration für neurotische Manager

Die Integration von ganz besonderen Mitarbeitern und Managern erreicht man auch mit der sogenannten Teambildung. Ein Personalvorstand in der IT meint dazu: »Jedes Projektteam braucht seinen verrückten, aber genialen Programmierer. Wir achten beim Aufstellen von Teams lediglich darauf, dass die Balance nicht kippt: Zwei Verrückte sind für ein fünfköpfiges Team unter Umständen schon zu viel.«

Wenn das so einfach ist, warum machen das dann nicht alle? Natürlich: Verstoß gegen das Offenheitsgebot. Verrückte Manager? Das absolute Tabuthema im Management. Dort wird es verdrängt. Verdrängung ist das Lieblingsinstrument der Neurotiker. In starken, gesunden Teams, Abteilungen und Unternehmen werden die »kleinen Macken«, die wir alle haben, vorbehaltlos und vorurteilsfrei wahrgenommen, diskutiert, moderiert und damit so integriert, dass sie sich nicht allzu negativ auf Moral oder Profit auswirken. Das ist mit einfachsten Mitteln erreichbar; zum Beispiel per Rückmeldung: »Hans, ich weiß, du meinst es gut – aber vielleicht übertreibst du jetzt ein wenig?«

Am erfolgreichsten bei der Integration von Management-Neurosen ist aber immer noch – erraten Sie's? Es liegt auf der Hand: der Neurotiker selbst. Ich habe schon Manager auf dem Neurosen-Tachometer in zwei Sekunden von 120 auf null herunterbremsen sehen – unter zwei Bedingungen: Erstens, der neurotische Schatten (C. G. Jung) erstreckt sich noch nicht auf die Selbstreflexionsfähigkeit; das heißt, der Manager erkennt, was er tut. Selbsterkenntnis ist der erste Schritt zur Besserung. Und zweitens: Der Manager ist willens und in der Lage, sein eigenes kritisches Verhalten bewusst zu steuern – keine ganz leichte Voraussetzung.

So sagte zum Beispiel ein Einkaufsleiter, ausgewiesener Histrioniker, also neurotisch auf Applaus aus, zu einem meckernden Abteilungsleiter: »Sie wissen, dass ich Ihnen normalerweise bei dieser Art von Bestellungen so weit wie möglich entgegenkomme. Aber beim Bürokaffee bleibt es dabei: Auch wenn er angeblich nicht so voll im Aroma ist wie unser alter – wir kaufen den fair gehandelten. Suchen Sie sich unter den fairen Sorten einfach ein anderes Produkt aus.« Man merkt förmlich, wie der Manager sich anstrengen muss, seine Sucht nach Anerkennung zu zügeln und gleichzeitig mit der Ablehnung des Kollegen fertigzuwerden. Und wieder zeigt sich: Moral ist das, worüber man redet und was man tut.

# Es gibt nichts Gutes, außer man tut es

Moral ist, was wir tun. Und Tun ist immer problematisch. Es macht Arbeit.

So wissen zum Beispiel viele Freizeitsportler, dass die meisten Bälle der Welt von Kinderhand genäht werden (s. o., Kapitel 2). Wir wissen das, aber keiner *tut* etwas dagegen. Keiner? Die Stadt München tut's. Vor wenigen Monaten lieferte die Stadtverwaltung von München 2 000 fair produzierte und gehandelte Bälle für alle Ballsportarten an insgesamt 310 Schulen der Stadt aus. Dafür hatte das zuständige Projektteam monatelang die Arbeitsbedingungen bei Lieferanten überprüft und die Qualität der Bälle in einem Feldversuch zusammen mit Sportlehrern getestet.

Das ist die große Ungerechtigkeit, wenn es um Gerechtigkeit geht: Einen unfairen Ball kriegt man in drei Sekunden per Knopfdruck via Internet. Für ein ethisch einwandfreies Produkt dagegen müssen sich viele Leute viele Wochen lang heftig verbiegen. Oft muss dafür erst die nachhaltige Lieferkette von null auf konstruiert und eingerichtet werden: Moral ist nichts für Bequeme. Warum machten die Münchner sich solche Mühe, die ihnen im Übrigen kaum jemand lohnt? Auch Ben Cohen und Jerry Greenfield machen sich diese Mühe. Wie beide im SZ-Interview (2013) sagten:

> »Wir haben 1985 eine Stiftung gegründet und vertraglich festgelegt, dass sie einen festen Anteil der Profite (Anm.: unseres Unternehmens) erhält, um diesen an kleine progressive Gruppen zu verteilen, die für Dinge wie die Rechte von Arbeitern und Migranten eintreten und oft von niemandem sonst unterstützt werden. Aber das war nur der erste Schritt. Später haben wir erkannt, dass die wahre Macht nicht darin liegt, Geld zu verschenken. Sondern in der Art, wie wir unser Alltagsgeschäft führen: den Einkauf der Rohstoffe, das Marketing, den Vertrieb, die Finanzen. Wir haben versucht, soziale und ökologische Belange in all unsere Tätigkeiten zu integrieren.«

Ben Cohen und Jerry Greenfield – nie gehört? Aber wahrscheinlich schon gegessen: »Ben & Jerry's« ist als Eiscreme inzwischen so bekannt wie Häagen-Dazs, Mövenpick oder Langnese. Zwei Spitzenmanager (inzwischen haben sie ihre Firma verkauft), die moralisch managen. Wie kommen sie dazu?

Auf dem Hintergrund der zurückliegenden Seiten schlussfolgern wir messerscharf: Das sind keine Neurotiker! Nun gut, das schlussfolgert der Laie. Als aufgeklärte Menschen wissen wir: Es gibt keine neurosefreien Menschen. Wir alle haben unser Päckchen zu tragen. Aber ganz offensichtlich reflektieren Ben & Jerry ihre Neurosen so gut, dass sie sich von ihnen nicht zu Sklaventreibern (haben) machen lassen. Warum gelingt ihnen das – und vielen Managern nicht? Warum gelingt Ben & Jerry das – und mir nicht? Warum greife ich immer noch zum »falschen« Honig?

Was hat mich zum Sklavenhalter gemacht?

»Während wir hier reden, hungert ein Drittel aller Menschen.«

*T. C. Boyle*

»»Die Weltwirtschaft ist auf dem falschen Kurs,
und die Unternehmen tun zu wenig für eine nachhaltige Zukunft‹,
lautet das überraschende Fazit einer Umfrage
der Vereinten Nationen und der Unternehmensberatung
Accenture unter 1000 Konzernbossen aus 100 Ländern.«

*Markus Basler*

# 4 ZUM »SKLAVENHALTER« WIRD MAN NICHT GEBOREN, SONDERN GEMACHT

Warum sind wir so böse? Wir lassen in fernen Fabriken fertigen, die abbrennen oder einstürzen. Wir kaufen Produkte, für die Kinder zur Arbeit gezwungen werden. Wir kaufen den falschen Honig, weil wir neurotisch sind (s. Kapitel 3).

Das erleichtert zunächst: Wir sind nicht »absichtlich« böse, keine vorsätzlichen Sklavenhalter. Wir sind keine steckbrieflich gesuchten »Verbrecher der Globalisierung«.

Eigentlich wissen wir im Grunde ganz genau, was richtig, moralisch und gut wäre. Wir *wissen*, was gut für uns und die Welt wäre – aber wir *tun* es dann (oft genug) doch nicht. Weil wir, wie wir gesehen haben, im Großen und Ganzen ganz normale, vernünftige und verantwortungsvolle Menschen und Manager sind, die sich lediglich in bestimmten Kontexten manchmal leicht neurotisch verhalten. Wenn wir zum Beispiel beim Dating immer wieder auf dasselbe Beuteschema hereinfallen – obwohl wir wissen, dass es uns nicht guttut. Wenn wir das dritte Pils bestellen, weil es so gemütlich in der Runde ist, obwohl wir genau wissen, dass es uns die Zunge auf eine Art und Weise löst, die uns noch Tage danach die Schamesröte ins Gesicht treiben wird. Wenn wir Kleidung kaufen, für die Pflücksklaven auf Baumwollplantagen mit Pestiziden vergiftet wurden. Wenn wir auf Smartphones daddeln, für die asiatische Studierende zur Fron gepresst wurden.

In vielen anderen Kontexten sind wir ganz normale Menschen. Aber wenn wir im Internet dieses Smartphone klickbestellen, tun wir etwas, von dem wir ganz genau wissen, dass es nicht das Richtige ist. Das ist die Regel.

Die Ausnahme ist: Es gibt tatsächlich Menschen, die es nicht wissen, die den Unterschied zwischen richtig und falsch nicht kennen (wollen): Sozio- und Psychopathen, Alexithymiker, Extrem-Narzissten … Wir klammern sie an dieser Stelle aus, weil ich keine Psychopathologie der Moral anstellen möchte. Es gibt eine Grenze zwischen Neurose und Psychose – wir überschreiten sie aus naheliegenden Gründen nicht (wir sind neurotisch – nicht verrückt). Wir bleiben jenseits dieser Grenze auf jener Seite, für die gilt: Wir wissen im Grunde alle, was gut ist, tun es aber an entscheidender Stelle nicht.

> »Moral ist nicht das, was wir für richtig halten. Moral ist das, was wir tun. Meinungen ändern die Welt nicht.«
>
> *Heike M., Managerin*

Wenn wir einer bestimmten Begriffsunterscheidung folgen, könnten wir auch sagen: Wir haben ein Problem zwischen Ethik und Moral. Wir wissen, was zu tun wäre (Ethik), aber wir tun es nicht (Moral). Schlimmer: Wir echauffieren uns gerne und heftig, auch medial, auch und gerade im Internet, über den eklatanten moralischen Mangel unserer Zeiten. Doch wir tippen diese wohlfeile moralische Entrüstung in ein Notebook, für das unser anonymer, aber persönlicher Sklave Blutmineralien schürfen musste. Wir leben ein Dilemma zwischen Ethik und Moral.

Die Harvard-Professoren Pfeffer und Sutton nennen dieses grundlegende Dilemma bestsellernd *The Knowing-Doing Gap*; der fatale Unterschied zwischen Wissen und Handeln, zwischen Ethik und Moral, zwischen wissen, was gut ist, und tun, was gut ist. Wie wurden wir so? Was hat uns bloß so korrumpiert? Und was muss man für ein Mensch sein, um so etwas zu tun?

Ein ganz bestimmter Mensch.

## Der Homo moralis

Bislang lautet die Erklärung, die Entschuldigung, die Rechtfertigung: Wir sind Sklavenhalter – aber wir können nichts dafür! Unsere Neurosen haben uns dazu gemacht. Das ist die Erklärung der Psychologie. Die Erklärung der Ökonomie zur Entstehung unseres Sklavenhalter-Status kommt mit noch weniger Worten aus: Homo oeconomicus.

Der angeblich ausschließlich seiner kurzfristigen Nutzenmaximierung hörige Homo oeconomicus kann sich nicht um Moral und ähnliche Dinge kümmern, weil er seinen Profit, seinen Status und seine Konsumbefriedigung maximieren muss.

Einmal ganz davon abgesehen, dass diese radikal vereinfachte Definition jedem Ökonomen die Nackenhaare aufstellen würde und dass der Homo oeconomicus eher von Redakteuren zum Zweck der Disziplinschelte als von Ökonomen für ernsthafte Überlegungen bemüht wird: Wenn die beherrschende Globalisierungsneurose so präzise auf den Punkt gebracht werden kann und unser tristes Sklavenhalter-Dasein so einfach zu erklären ist, dann ist die Lösung des Problems und die Erlösung für Sklaven und Sklavenhalter nur allzu einfach: Verpassen wir dem Homo oeconomicus ein Upgrade! Ein Upgrade zum Homo 4.0! Dieser Mensch der 4. Generation wäre gleichzeitig ein Homo moralis, der nicht nur an der Verfolgung seines Eigennutzes interessiert ist, sondern auch daran, wie sich sein Wirtschaften auf andere, die Umwelt und auf seine Zukunft auswirkt.

Das ist eine lachhafte Lösung? Lachhaft oder weltfremd. Wenn wir mit dieser »Lösung« uns und die Welt von der Sklaverei befreien wollen, dann gute Nacht. Es gibt den Homo moralis schlicht (noch) nicht in ausreichender Anzahl – das kann ich mit einer Tüte Toffees anekdotisch beweisen.

Wenn es drei Geschwister und nur noch ein Toffee in der Tüte gibt, existieren weder Bruder noch Schwester und wir erleben die Geburtsstunde der Unmoral. Auf dem Spielplatz können wir beobachten, wie wir wurden und wie wir sind.

Sobald nur noch ein Toffee für drei Geschwister in der Tüte ist, bricht in der Regel (zu den Ausnahmen später) der Futterneid aus – zur Hölle mit der Moral. Wie der große Kinderpsychologe Bertolt Brecht sagte: Erst kommt das Toffee, dann kommt die Moral. Homo moralis? Noch nicht einmal in der Kernzelle der Gesellschaft, der Familie. Oder wie ein befreundeter Familientherapeut spätestens bei der zweiten Flasche Rotem mantra-ähnlich wiederholt:»Die Familie ist die Keimzelle allen Übels.« Das meint er nicht im Ernst!

Ich fürchte doch.

## Die Familie als Schule der Sklavenhalter

Wir alle schimpfen, twittern und machen Krawall im Internet, wenn wieder einmal ein Manager moralisch danebentrifft. Jedoch: Woher kommt der Manager? Wes Geistes Kind ist er? Oder wie die Amerikaner sagen: Der Junge ist der Vater des Mannes.

Aus welchem Jungen formte sich der Manager, der in Bangladesch T-Shirts für ein paar Cent einkauft und nach Vertragsabschluss fluchtartig das Gebäude verlässt, weil er befürchtet, es könne jede Minute einstürzen? Wo erleben solche Globaldelinquenten ihre prägenden Jahre? Da, wo wir sie alle erleben: in der Familie (das ist jetzt nicht wirklich überraschend, oder?). Also sind mal wieder wir Eltern an allem schuld? Ja. Und nein.

Dass es auch anders geht, erlebte ich vor Jahren bei der Erziehung meiner eigenen Kinder am Sandkasten eines Spielplatzes. Dort erklärte eine Mutter ihren beiden futterstreitenden Töchtern, circa vier und sechs Jahre:»Das letzte Bonbon in der Tüte ist natürlich etwas Besonderes. Aber wer von euch beiden es einem anderen abgibt, erntet dafür das schöne Gefühl, jemandem eine Freude zu machen. Schenken ist schön. Überlegt mal.«

Ich behaupte nicht, dass das immer funktioniert. Doch im gegebenen Fall diskutierten die beiden Mädchen tatsächlich, auch weil die Mutter die Tüte noch in der Hand behielt, wer von ihnen die größere Freude am letzten Bonbon haben oder ob man es untereinander teilen könnte. Ich hätte fast applaudiert, als sie zu einem geradezu salomonischen Entschluss kamen.

Keine nahm das Bonbon. Sie schenkten es dem kleinen Jungen, der gerade, aus welchen Gründen auch immer, mit Trotzrotznase schniefend im Sandkasten stocherte. Seine sich blitzartig aufhellende Miene strafte jeden Zweifel am Lohn einer tätig praktizierten Ethik Lügen. Ich bedankte mich innerlich für die Feldbeobachtung und erstellte geistig den Versuchsbericht:

- Obwohl man den Begriff selten in der Zeitung liest und niemals bei einem Elternabend hört: Moralerziehung ist nicht nur möglich, sondern wird tatsächlich praktiziert.
- Vielleicht nicht in Medien und Schule, aber in Familien und auf dem Spielplatz.
- Wer im Sandkasten Gemeinsinn, Altruismus, Offenheit und Selbstreflexion übt, hat einen fliegenden Start, 20 Jahre später einen Moralvorsprung und eher Hemmungen, sich zum Sklavenhalter zu entwickeln.
- Der Sklavenhalter lässt sich umkrempeln, wenn nicht sogar vermeiden – sofern man früh genug mit der Prävention beginnt (auch Erziehung genannt).
- Moralerziehung beginnt oder scheitert in der Familie.

Ich bin jetzt nicht so kess, zu behaupten, dass ein moralisches Elternhaus während einiger weniger formender Jahre ein Kind so erziehen kann, dass es in vielen späteren Jahren als Konsument oder Manager selbst im korruptesten, menschenverachtendsten und amoralischsten System noch jeder Anfechtung widerstehen könnte. Allein der Gedanke ist absurd. Aber täten sich der Mensch und die Welt nicht wesentlich leichter mit der Moralfestigkeit, wenn seine ethisch-moralische Entwicklung bereits im Elternhaus beginnen würde?

Das ist natürlich – aus Sicht der heutigen Anspruchsmentalität – eine schwere Zumutung: Was sollen Familien denn noch alles leisten? Und wozu ist eigentlich die Schule da? Aber, wie die Mutter am Sandkasten beweist: Im Grunde ist das kein Thema. Man muss bloß oft, intensiv und konsequent genug – das letzte Bonbon in der Tüte war so eine Konsequenz – mit den Kleinen reden, dann klappt das auch mit der Moral.

Wenn das so einfach ist – warum betreibt dann nicht jede Mutter, von den notorisch abwesenden Vätern ganz zu schweigen (ich spreche nicht aus Erfahrung), moralische Sandkastenerziehung? Vielleicht, weil sie selber eher moralisch träge ist, um es vorsichtig auszudrücken. Vielleicht auch, weil sie insgeheim das denkt, was Nöstlinger (s. Kapitel 3) zivilisationspessimistisch so ausdrückte: »Entweder erziehe ich jemanden zu einem guten Menschen. Oder zu einem, der für dieses Leben taugt. Beides unter einen Hut bringen kann man nicht.« Wer in der heutigen Zeit sein Kind zu einem anständigen Menschen erzieht, läuft Gefahr, einen Zivilisationsversager zu produzieren.

Denn wir dürfen nicht vergessen: Sklavenhalter haben die besseren Handys, die cooleren Klamotten, die fetteren Boni und die steileren Karrieren. Hätten sie es nicht, hätten wir das Moralproblem nicht. So brutal muss man das leider sagen. Was wird denn aus »anständig« erzogenen Kindern im späteren Leben? Wohl kaum Manager!

Aber vielleicht LOHAS?


## Die LOHAS

Wir Sklavenhalter richten mächtig Flurschaden an. Doch entgegen meinem ausgiebig gepflegten Kulturpessimismus wurden nicht alle Menschen zu Sklavenhaltern. Da gibt es zum Beispiel die LOHAS.

LOHAS sind Menschen mit einem *Lifestyle of Health and Sustainability*. Also Menschen, die sich gerne, ernsthaft und ausgiebig Gedanken machen über das richtige Fitnesstraining, den ethisch korrekten Honig, die nachhaltige Babywindel, ganz zu schweigen von Niedrigenergiehäusern und anderen Nachhaltigkeitstechnologien. Warum tun die das?

Ich würde im Sinne der Stringenz meiner Argumentation gerne behaupten: Weil sie das an der Mutterbrust und im Sandkasten gelernt haben! Weil sie nicht auf die Schule der Sklavenhalter gingen. Weil sie moralisch erzogen wurden. Wenn Moral so einfach wäre ...

Dann müsste die Familienministerin nur 40 Milliarden Euro für eine »Initiative zur frühkindlich ethischen Erziehung (IZFEE)«, vulgo:

»Schule der Barbaren«, ausgeben – und der Homo moralis würde den Homo oeconomicus aus dem globalen Biotop verdrängen. Schön wär's. Allein, ich habe den Verdacht, dass das L in LOHAS tatsächlich, wie der Name verrät, nicht nur eine Herkunftsbezeichnung ist, sondern ein grundlegendes Motiv verrät: Lifestyle.

Eine ganz bestimmte Randgruppe (hoher Bildungsstand, hohes Einkommen) hat keineswegs vor, die Welt oder die Moral zu retten. Nein, diese betuchte Minderheit betrachtet es lediglich als en vogue, als »stylish«, lieber ökologisch und sozial nachhaltig zu konsumieren und ihr Geld anzulegen. Nachhaltige Lebensmittel kauft der LOHAS weniger aus moralischen als aus egozentrischen Motiven: »Bio«-Ware zum Beispiel erscheint ihm seiner sorgsam gepflegten Gesundheit und seinem Wohlergehen zuträglicher. Deshalb ist für ihn nachhaltiger Konsum in; das ist chic, das ist le dernier cri, das muss man sich gegeben haben, wenn man an der Upper East Side wohnt, hoppla, residiert. Wie würden Sie so jemanden nennen?

Menschen, die sich nicht aus innerster Überzeugung, sondern aus Statusgründen ethisch verhalten, nennt Jonathan Haidt »Glaukonier«. Das ist insofern ein irreführender Begriff, aber sehr einprägsam, als Platons Bruder Glaukon im Sokrates-Dialog *Der Staat* nicht nach diesem Statusprinzip handelt, sondern lediglich der Meinung ist, dass manche Menschen nicht in ihrem tiefsten Inneren moralisch *seien*, sondern vielmehr in den Augen ihrer Peergroup moralisch *erscheinen* wollten. Wir erkennen das als histrionisches Motiv (s. Kapitel 3): Histrioniker leben für den Applaus ihrer Peers. Glaukon spekuliert einigermaßen zynisch: Wären die Glaukonier unsichtbar, hielte sie nichts davon ab, die gräulichsten Verbrechen zu begehen.

Was für eine Enttäuschung! Folgt der LOHAS diesem glaukonischen Ideal der Statusmoral, haben wir nicht die »echte« Moral, sondern sozusagen Moral light: Moral als Mode. Was rege ich mich auf? Der Zweck heiligt die Moral!

Dem mexikanischen Hochlandbauern kann es doch herzlich egal sein, ob der LOHAS seinen Honig aus modischen oder moralischen Erwägungen kauft – Hauptsache, er kauft. Aber wenn die LOHAS den Gang aller Moden gehen und irgendwann out sind – oder ist das bereits passiert? Außerdem: Die LOHAS sind/waren eine Konsumentenmode. Von ihrer Verbreitung im Management ist nichts bekannt. Es ist also durchaus realistisch, anzunehmen, dass der Manager, dessen Frau in der schicken New Yorker Wohnung nur streng ökologische und faire Tapeten an die Wand bringen lässt, in seinem Beruf weiterhin munter seine asiatischen Zulieferer ausbeutet – und trotzdem der Randgruppe der LOHAS zugerechnet wird.

Wenn die Welt eine bessere werden soll, können wir daher nicht auf LOHAS und andere Moden, den Zufall oder den Lauf der Dinge vertrauen. Es hilft alles nichts: Wollen wir dem Sklavenhalter Moral beibringen, muss er auf die Schulbank!

## Moralerziehung

Kinder lernen in der Schule Rechnen, Schreiben, Lesen. Moral lernen sie nicht. Ich wünsche mir an dieser Stelle übrigens viele Einwürfe von Lehrerinnen und Lehrern, die das Gegenteil vermelden. Stellungnahmen von Lehrpersonal, das den Mangel an Moralerziehung und vor allem den Moralmangel von Teenagern und deren Eltern beklagt, kenne ich schon genug ...

Warum machen Eltern, Lehrer, Ausbilder, Trainer, Coaches, Personalentwickler und Professoren so einen großen Bogen um eine moralische Erziehung? Warum haben es viele Eltern aufgegeben, ihren Sprösslingen Anstand beizubringen?

> Erboster Vater nach der Sportstunde zum Trainer: »Warum schmeißen Sie meinen Jungen aus dem Training?«
>
> Wütender Trainer: »Weil der feine junge Herr nachtritt, hand- und foulspielt! Bringen Sie dem erst mal Anstand bei!«
>
> Vater: »Wieso? Ich dachte, das ist Ihre Aufgabe!«

Gewiss: So einen Trainer trifft man heutzutage selten. Erzieht der etwa seine Schützlinge zur sprichwörtlichen »sportlichen Fairness«? Was stimmt denn mit dem nicht? Gute Frage. Vermutlich ist es seine

Ablehnung eines mit unsauberen Mitteln erkämpften Sieges. Das macht ihn zum Außenseiter in der Leistungsgesellschaft.

Nächste Frage: Warum tritt ein Vater, 37 Jahre, Akademiker, so etwas Grundlegendes wie die Moralerziehung seines Sohnes allen Ernstes an einen ehrenamtlichen Fußballtrainer ab, der das Kind zwei Stunden die Woche zusammen mit 15 anderen Kids sieht? Warum outsourcen so viele Eltern, Lehrer, Ausbilder und Vorgesetzte diese zentrale Erziehungsaufgabe?

Kein Wunder, dass so viele Managerinnen und Manager in der Globalisierung Amok laufen: Bei so einer Kinderstube ... Wäre es zu viel verlangt, unseren Kindern auch mal eine Gutenachtgeschichte mit einer praktikablen und vor allem alltagstauglichen Moral im ethischen Sinne des Wortes vorzulesen? Da liegt der Hase im Pfeffer: Selbst wenn das getan werden würde – was äußerst selten der Fall sein dürfte –, es würde nichts nützen! Denn:

Bildung versagt an der Moral.

Sonst müsste man lediglich Rauchern – nehmen Sie jede andere Sucht – nur oft genug eine Gutenachtgeschichte von der Schädlichkeit des Glimmstängels vorlesen – und keine(r) würde mehr rauchen. Die EU erzählt diese Horrorstory seit Jahren auf Zigarettenschachteln. Nur, falls das jemandem entgangen sein sollte: Es wird immer noch geraucht. Mit Bildung ist dem Problem offensichtlich nicht beizukommen. Warum nicht? Was macht den Sklavenhalter bildungsresistent? Befragen wir dazu beispielsweise den Manager Norbert.


## Erziehung der Neurotiker

Norbert stürmt aus dem Meeting und klagt einem Kollegen: »Unser Einkaufschef spinnt doch! Ich weiß nicht, wie wir die verlangten 30 Prozent beim Rohstoffeinkauf einsparen können, und jetzt soll ich auch noch auf die ›besonderen Bedürfnisse unserer Lieferanten in den Schwellenländern‹ Rücksicht nehmen? Wer nimmt auf mich Rücksicht? Mir wird ja auch nichts geschenkt! Mich fragt doch auch keiner, was ich für ›besondere Bedürfnisse‹ habe!«

In einer der afrikanischen Minen, aus denen das Unternehmen einige seiner Rohstoffe bezieht, haben jüngst die Bergarbeiter gestreikt, wurden daraufhin von Regierungstruppen brutal in die Stollen zurückgeprügelt, und Norbert beschwert sich darüber, dass niemand Rücksicht nimmt – *auf ihn?*

Norbert ist mit dieser Haltung nicht alleine. Einer seiner Kollegen meint: »Ich verstehe ja die Not unserer Partner in den Schwellenländern. Aber wenn die unsere Aufträge nicht gestemmt bekommen, warum haben sie dann den Vertrag unterschrieben? Ich kann denen beim besten Willen keine Extrawürste braten!« Diese Art von Anspruchsmentalität verlangt von den Opfern der Globalisierung: Nun habt euch mal nicht so! Jammert leiser! Ihr habt Probleme? Ich auch! Wer denkt an mich?

Dieser Opferwettstreit torpediert nicht nur etwa noch rudimentär vorhandene Moralimpulse bei der Arbeit. Er sabotiert ebenso jedwede Moralerziehung: »Ihr wollt mich zum moralischen Handeln erziehen? Was soll ich denn noch alles tun! Habe ich nicht schon genug am Hals? Wer denkt an mich?« Wer ist das größere Opfer? Ich, ich, ich! Der Egozentriker ist nicht kriminell oder bösartig. Er kann nur nicht über seinen neurotischen Schatten springen. Neurose schlägt Bildung. Narzissmus killt Moral. Nächste Neurose, bitte!

Natalie sagt: »Aber das bringt doch nichts – bloß fairen Honig kaufen! Im Grunde müsste ich doch alle Produkte des täglichen Bedarfs ethisch einwandfrei einkaufen. Das geht ja nicht! Wer hat dafür schon Zeit?« Niemand. Also kauft sie auch nicht den fairen Honig. Sie rettet den einen Bauern nicht, weil sie nicht alle Bauern retten kann. Was ist das? Das ist obsessiv-kompulsiv. Natalie übt unbewusst, unreflektiert Perfektionismus: Wenn ich nicht die ganze Moral für die ganze Menschheit, den Weltfrieden und die Heiligsprechung zu Lebzeiten jetzt sofort kriegen kann, kauf ich auch keinen Fairtrade-Honig!

Natalie und Norbert benehmen sich ganz schön seltsam? Ja, natürlich. Aber woher kommt das denn? Natalie und Norbert waren schon an der Schule so, sagen ihre Klassenkameradinnen und -kameraden. Warum hat niemand etwas dagegen unternommen? Bei dieser Frage hören wir die Philologen toben: Nicht unser Job!

Aber unser. Der Job jedes vernünftigen Menschen, der täglich mit Menschen zu tun hat.

## Kritisieren statt ignorieren

Wir werden nicht als Sklavenhalter geboren, wir werden dazu gemacht. Durch eine nicht vorhandene Moralerziehung (ich betone: es gibt glühende Ausnahmen).

Das Problem an Natalie, Norbert und uns anderen Neurotikern ist nun nicht nur, dass unsere Sandkasten- und Schulbildung versagt hat. Auch jenseits des Sandkastenalters können Menschen noch etwas dazulernen. Zum Beispiel voneinander. Leider versagt nach der Sandkasten- und Schulpädagogik auch noch unsere Alltagsandragogik (die Erziehung Erwachsener).

Wann immer ich zum Beispiel von Natalie und Norbert erzähle, die in Wirklichkeit anders heißen, ernte ich die Spontanreaktion: »Die spinnen doch!« Das stimmt zwar, aber: Ändert das was?

Wer ist der schlimmere Neurotiker? Der Neurotiker oder der Neurotiker, der sich über den Neurotiker aufregt?

Natürlich ärgern uns Natalie und Norbert. Aber wer sich ärgert, ändert nicht. Wer stigmatisiert, erzieht nicht. Im Gegenteil: Er grenzt den Stigmatisierten aus, worauf dieser sein stigmatisiertes Verhalten schon aus reinem Trotz eher intensiviert als eliminiert. Natalie kauft sicher nicht fairer ein, bloß weil ich ihr vorwerfe, dass sie eine verdammte Pedantin sei. Erziehung beginnt nicht mit Ausgrenzung – sondern?

Ich bin mir durchaus bewusst, dass man Alltagsneurosen nicht immer im Alltag kurieren kann. Aber das enthebt uns nicht der moralischen Pflicht, wenigstens den Mund aufzumachen. Außerdem haben wir die päda- und andragogische Pflicht, wenigstens einen Versuch zu wagen, um damit zumindest unsere eigene ethische Integrität zu wahren.

Auch ich war zunächst sprachlos, als mir Natalie mit todernster Miene erklärte, dass sie keinen Bauern retten wolle, weil sie nicht *alle* Bauern retten könne. Dann platzte es aus mir heraus: »Aber ist es nicht besser, *einen* Menschen als *keinen* Menschen zu retten?«

Gewiss: Das ist ein hilfloser Versuch, eine jahrzehntelang gepflegte und von der Gesellschaft mit diversen Mantras wie »Alles oder nichts!«, »Entweder richtig oder gar nicht!« geförderte Neurose abzumildern. Aber da Natalie intelligent und gut reflektiert ist, ihr Perfektionismus nicht generalisiert, sondern kontextabhängig und nicht sonderlich statusgebunden ist, waren wir nach fünf Minuten Diskussion wenigstens so weit, dass sie erste Zweifel bekam, ob Perfektionismus und Nachhaltigkeit wirklich vereinbar sind. Und, ehrlich: Niemand hatte bislang fünf Minuten mit ihr über so etwas diskutiert. »Nicht mal mein eigener Vater«, wie Natalie meinte. Wie gesagt: Wir motzen uns ständig wegen irgendwelcher Nickligkeiten gegenseitig an – aber Moral ist selten bis nie unter diesen »Kleinigkeiten«. Ähnliches erzählt Norbert.

Er meint: »Meine Frau kauft die ganzen Fairtrade-Produkte. Sie meint, dass es uns trotz allen Ärgers immer noch besser geht als den armen Leuten in Indien.« Weder Natalie noch Norbert kaufen bis heute alle Konsumgüter ethisch einwandfrei – aber wenigstens trägt der wiederholte Dialog mit ihren ethischen Zeitgenossen dazu bei, allmählich ihre moralvergessene Einstellung zu verändern. »Wiederholt« ist das entscheidende Wort.

Wenn Norberts Frau nicht nur ethisch korrekt einkauft, sondern ihren Gatten wiederholt erzieherisch darauf anspricht, bewirkt dies möglicherweise zunächst einen Gesinnungswandel, dann Einsicht und irgendwann, nach Jahren, eine vielleicht anfänglich nur leichte Verhaltensänderung – oder die Scheidung von »dieser Nervensäge mit ihrem Öko-Tick!«.

Wenn anhaltend vorwurfsfreie und mantra-ähnlich wiederholte Äußerungen der erste Schritt der Moralerziehung sind – warum sagt dann Norberts Frau in letzter Zeit nichts mehr? Weil Ehen ermüdend sind? Weil eine Frau sich ihren Mann, entgegen anderslautenden Kleinmädchenmorgenblütenträumen, doch nicht zurechtbiegen kann?

## Sprechen Sie über Moral?

Wann haben Sie zuletzt mit einem Sklavenhalter geredet, einen Moralsünder auf einen Fauxpas angesprochen? Warum nicht? Weil Sie selber ein unmoralischer Mensch sind? Ein Feigling? Das glaube ich nicht.

Ich glaube eher, dass Ihnen – wie auch mir oft – etwas ganz Bestimmtes fehlt, um moralerziehend wirksam zu werden. Testen wir diese Hypothese am Extremfall, sozusagen am Moral-GAU am Arbeitsplatz: »Chef, was Sie da tun, ist unmoralisch!«

Warum haben Sie das noch nie einem Vorgesetzten gesagt? Obwohl Sie es schon dutzendfach hätten sagen können, wollen, sollen? Weil Sie nicht lebensmüde sind. Jacke ist näher als Hose.

Eine Abteilungsleiterin erkannte diese Kleiderordnung anlässlich einer unrühmlichen Mobbing-Episode. Ein Mobber hatte zwei Mitarbeiterinnen drangsaliert – acht Kolleginnen und Kollegen hatten taten- und wortlos zugesehen. Auf die Frage, warum, sagte keiner: »Och, war doch nicht so schlimm!« Im Gegenteil. Alle sagten: »Wir waren wütend, frustriert!« Das Moralbewusstsein war also durchaus vorhanden, aber: »Was hätten wir denn sagen sollen?«

Was fehlte, war nicht die richtige Moral, sondern die richtigen Worte, die wirksame und deeskalierende Artikulation. In einer Sprache, die ausdrückt, was auszudrücken ist – ohne den Sprechenden in Gefahr zu bringen oder den Angesprochenen an den Pranger zu stellen. Den Leuten in der Abteilung fehlten schlicht die Worte für ein ethisch einwandfreies Verhalten im konkreten Mobbing-Vorfall. Und nicht von ungefähr: Kennen Sie ein berufsbezogenes Kommunikationstraining, in dem dezidiert trainiert wird, wie man Moralverfehlungen anspricht? Moralkommunikation fehlt in herkömmlichen Kommunikationstrainings so regelmäßig wie Niederschläge in der Gobi. Und was an »Allgemeinen Regeln zum Feedback« trainiert wird, reicht offensichtlich nicht aus, sich Mobbing und anderen Moralverstößen artikulierend in den Weg zu stellen.

Als die Abteilungsleiterin diese Trainingslücke erkannte, übte sie mit ihren Mitarbeiterinnen und Mitarbeitern die Grundzüge der gewaltfreien Moralkommunikation: Vorwurfsfrei kritisieren. Schon nach wenigen Wochen hörte sie immer wieder interkollegiale Formulierungen wie: »Ich weiß, Sie verfolgen ein wichtiges Ziel mit hohem Einsatz – aber könnten Sie Ihren Umgang mit dem ... (Kunden, Mitarbeiter, Kollegen ...) noch einmal überdenken?« Inzwischen machen die Leute auch den Mund auf, wenn mal wieder eine Globalisierungssauerei im Gange ist. So wird Moral gemacht. Der Barbar ist lernfähig! Erst lernt er Sprache, dann Moral.

Wenn ich Führungskräften davon erzähle, ernte ich in sieben von zehn Fällen nicht Zustimmung, sondern Äußerungen wie: »Ich setze voraus, dass meine Mitarbeiter die deutsche Sprache beherrschen!«, »Aber reden werden die doch wohl können!«, »Die sollen halt den Mund aufmachen!«, »Dazu brauchen wir kein Training. Das weise ich an und dann machen die das!« O sancta simplicitas! Was soll man in solchen Fällen von unbelehrbarer chronischer Bildungsverweigerung tun? Auf die anderen drei setzen. Oder auf die True Believers.

## True Believerism

Manche Menschen sind gefeit gegen den Sklavenhalter-Virus. Sie müssen Moral nicht erlernen wie eine Fremdsprache. Sie verfügen über etwas Besseres als ein voluminöses Moralvokabular: Einstellung, innere Haltung, wahren Glauben, das, was in Amerika True Believerism genannt wird. Dass die Einstellung vieler Menschen sich in den letzten Jahren verändert hat, bemerke ich an einigen meiner Absolventinnen und Absolventen.

Noch vor Jahren wollten die meisten BWL-Studierenden ins Marketing oder Investmentbanking – weil es da mächtig Kohle und Karriere zu machen gab. Inzwischen hat Marketing, auch wegen mehrerer Werbebranchenkrisen, stark von seinem Glamour verloren und »Investmentbanker« ist heute fast schon ein Schimpfwort; ungerechtfertigterweise. Viele der neuen Absolventen möchten nicht möglichst schnell möglichst viel Kohle oder Karriere machen.

Sie möchten vor allem Beruf und Persönliches, Karriere und Familienleben miteinander vereinbaren. Sie möchten interessante, abwechslungsreiche Aufgaben, ein gutes Arbeitsklima, sich bei der Arbeit entfalten und persönlich weiterentwickeln. Und sie streben tatsächlich nach einem ethisch sauberen Klima am Arbeitsplatz. Nicht weil das modisch ist oder den Status mehrt, sondern aus wahrem Glauben daran, dass eine moralische Welt eine bessere Welt ist – für sie und für andere. Das ist nicht nur meine Beobachtung, auch andere Hochschullehrer berichten davon.

Ihre »Reformhaltung« kann als Reaktion gesehen werden auf eine Welt, in der Karrierestreben, Materialismus und Egoismus dominieren. Allerdings sind sie keine Revolutionäre, die diese Welt radikal verändern wollen, und keine Eskapisten wie die 68er, die aus ihr auszusteigen versuchten. Sie bleiben ein Teil des Systems, das sie mit zwischenmenschlichen Werten bereichern wollen – auch im Beruf.

> »Das Ziel ist, dazu beizutragen, dass es anderen Menschen besser geht. Mit diesem Gedanken motivieren Sie Menschen sehr viel besser als mit Boni. Von den meisten meiner Studierenden der Betriebswirtschaft höre ich, dass sie zwar auch Geld verdienen, vor allem aber an etwas Großartigem teilhaben wollen. (...) Menschen haben eine Sehnsucht danach, etwas aufzubauen, kreativ zu sein und bei anderen in guter Erinnerung zu bleiben.«
>
> *Jonathan Haidt in* Psychologie Heute *(2014)*

Wenn wir einmal die notorischen Karrieristen und Casino-Kapitalisten ausklammern – die noch lange nicht ausgestorben sind –, macht dieser Gedanke Hoffnung: Einige Menschen entdecken in diesen Tagen die überragende Motivationskraft der Moral. Als gewitzter Vorgesetzter braucht man diesen rechten Glauben lediglich bei der Bewerberauswahl zu selektieren und im Alltag zu fordern und zu fördern: Stellt mehr True Believers ein! Ist das nicht ein wenig naiv?

Was passiert denn mit so einem moralischen Milchbart, wenn er mit seinen naiven Moralvorstellungen zum Beispiel bei einem dezidiert unmoralischen Unternehmen aufschlägt? Ist der in drei Monaten nicht amoralisch assimiliert?

## Die Wächter der Moral

Was passiert denn, wenn ich mich heute entschließe, fortan ethisch einwandfrei zu leben? Werde ich nicht morgen schon von meiner Sklavenhalterkultur wieder »umgedreht«? Wie George Lucas sagte: Das Imperium schlägt zurück. Der geläuterte Sklavenhalter ist seinen noch nicht einsichtigen Sklavenhalterkolleginnen und -kollegen doch schutzlos ausgeliefert! Das ist das Stichwort:

Moral braucht Schutz.

Moral ohne Schutz funktioniert nicht. Betrachten wir ein ganz einfaches Beispiel aus dem Alltag.

In einer bayrischen Stadt hat die Kommune einen schönen Service für Senioren geschaffen: Weil viele von ihnen nicht motorisiert sind und deshalb ihre Wertstoffe nicht zum örtlichen Wertstoffhof bringen können, kommt periodisch ein Müllwagen an der Kirche vorbei und nimmt dort die Wertstoffe der älteren Mitbürger entgegen. Was passiert? Das ahnen Sie.

Schon Tage vor dem jeweiligen Sammeltermin verschwindet die Kirche hinter einem Berg illegal abgeladener Abfälle. Von Leuten, die im Stil eines Fluchtfahrzeugfahrers vorpreschen und das Zeug aus dem Kofferraum werfen. Erwischt der Fahrer des Wertstoffmobils gelegentlich einen Müllsünder in flagranti, zuckt dieser nicht unter dem Blitzstrahl seines schlechten Gewissens zusammen, sondern droht dem Müllsheriff auch noch. Typisch Narzisst (s. Kapitel 3): »Ich bin was Besseres! Die Regeln der Gesellschaft gelten für dich, nicht für mich! Was fällt dir überhaupt ein!« Die Gemeinde ist hilf- und ratlos. Die Sklavenhalter, die moralisch Trägen, die Anspruchsautisten haben das Gemeinwohl gekapert. Die Parabel der Globalisierung: Es reicht ein Sklavenhalter, um die ganze Globalisierung zu verderben. Es erhebt sich für die betroffene Gemeindeverwaltung die älteste Moralfrage: Was sollen wir tun?

Soll die Gemeinde den Service streichen? Dann wären die immobilen Senioren bestraft – und die Müllidioten würden munter weiterhin die Kirche mit Dreck zuschmeißen. Mal sehen, wie viele das noch tun, wenn sie dafür jedes Mal ein Knöllchen über 50 Euro von der Gemeindepolitesse kassieren. Was lehrt uns das?

Solange Menschen nicht aus innerster Überzeugung (True Believerism, s. o.) moralisch handeln, braucht Moral Kontrolle. Ich weiß, das klingt jämmerlich. Der Mensch, Krone der Schöpfung, schafft es nur dann, das Richtige zu tun, wenn der Gemeindesheriff an der Ecke steht und mit dem Knöllchen droht. Strafandrohung macht offenbar moralisch. Manch einen muss man wohl zum eigenen Besten zwingen – ja? Nein.

Es klingt schwer nach Wortklauberei, aber ich würde doch gerne einen Unterschied zwischen »Kontrolle« und »Drohung« einerseits und »Zwang« andererseits machen. Für mich besteht ein Unterschied darin, ob ein Kind in einem Schwellenland (s. Kapitel 2) von den Eltern oder vom Hunger zur Arbeit in einem Sweatshop gezwungen wird oder ob ein Müllsünder durch Strafmandatsandrohung »gezwungen« wird, keinen Müll abzuladen. Der Müllsünder kann die Drohung ignorieren und abladen oder abladen und bezahlen – ohne weitere Folgen. Ignoriert das Kind den Zwang des Hungers, verhungert es mitsamt seiner Familie. Wie gesagt: Diesen feinen Unterschied zwischen Kontrolle und Zwang muss man nicht sehen.

Wer ihn mit mir sieht, ist vielleicht daran interessiert, wie die klügsten Köpfe der Menschheit dieses Kontrollproblem der Moral lösen wollen.

»Im Geschäftsleben ist es oft äußerst schwer, ehrlich die Meinung zu sagen oder zu kritisieren. Selbst bei geringfügigen Regelverletzungen fordert es große Überwindung, jemandem zu sagen: ›Ich denke, du irrst dich‹, oder ›Du hast dich falsch verhalten‹. Deshalb ist es wichtig, ein anonymes Berichtssystem zu haben: zum Beispiel eine E-Mail-Adresse, an die Angestellte fragwürdige Vorgänge melden können.«

»Sie schlagen im Ernst vor, Systeme der Denunziation einzurichten?«

*Jonathan Haidt im Gespräch mit Wolfgang Streitbörger*
*in* Psychologie Heute *(2014)*

Obwohl so ein Aufruf zur gegenseitigen Bespitzelung in Amerika wohl besser ankommt als in Europa: Ein anonymer Kummerkasten bietet in einer verzwickten Lage zumindest die Option eines Korrektivs – falls der Inhalt des Kummerkastens von übergeordneter

Stelle nicht zu Strafaktionen der Marke Sippenhaft missbraucht wird und falls die Bearbeiter des Kummerkastens nicht selbst Egozentriker sind ... Geradezu einschnürende Beschränkungen für eine Moralkontrolle. Gibt es weniger unwahrscheinliche Voraussetzungen für die Einführung einer funktionierenden moralischen Schutzinstanz in Unternehmen?

## Moral braucht Struktur

Viele mittelständische Unternehmen brauchen so ein tendenziell denunziantisches Kummerkastensystem nicht, weil sie ihrer Moralausübung eine andere Struktur gegeben haben: Sie verfügen noch über eine informelle Moralinstanz. Meist ist es der Seniorchef, die engagierte Gattin des Juniorchefs, der jüngste Sohn oder die Tochter der Eignerfamilie, der oder die Philosophie oder Ähnliches studiert hat. Die Kontaktaufnahme mit diesen Instanzen gestaltet sich informell; typisch sind Parkplatz- oder Flurgespräche mit dem klassischen Auftakt: »Was ich Ihnen übrigens mal sagen wollte ...« Dann lässt der Arbeiter oder Angestellte die jüngste Moralverfehlung eines Kollegen oder Vorgesetzten aus dem Sack. Weil er weiß: Er bleibt anonym – und die Moralinstanz wird aktiv. Sie knöpft sich umgehend den Moralsünder vor ...

In großen Unternehmen übernimmt die Funktion des Moral Monitoring manchmal die Sekretärin des Vorgesetzten, häufig macht das auch der Nestor der Abteilung. Es gibt immer eine(n) in jedem Team, jeder Gruppe und Abteilung, dem/der sich die Menschen mehr oder weniger anvertrauen und der/die moralische Integrität bewiesen hat. Die True Believers (s. o.) sind überall. Die informellen Instanzen der Moral sind also meist vorhanden. Es bleibt der offiziellen Struktur, also dem Vorgesetzten überlassen, sie zu nutzen. Meist verhindert das der eingebaute Narzissmus im Management: »Du sollst keine anderen Götter neben mir haben!« Und wieder stellt sich heraus, dass die Moral eines Unternehmens vom Charakter seiner Manager bestimmt wird: Wer charakterlich keine »anderen Götter« neben sich ertragen kann, tut sich schwer mit Moral.

## Moral Visibility

Neulich traf ich beim Durchzappen der TV-Kanäle auf zwei verhungernde Eisbären. Da ihr Gletscher wegen des globalen Klimawandels abgeschmolzen war, saßen eine Eisbärmutter und ihr Neugeborenes buchstäblich auf dem Trockenen, auf felsigem Grund, der keinerlei Nahrung bietet. Ein Kamerateam begleitete sie monatelang. Beim Verhungern. Während ich mich fragte, warum verdammt noch mal sich keiner der Kameraleute der Tiere erbarmte und ihnen eine Makrele zuwarf, kam mir ein anderer Gedanke: Warum zeigt ihr Tiere? Warum keine Menschen?

Wenn wir tatsächlich etwas gegen die grassierende Sklavenhaltermentalität unternehmen wollen, wäre mediale Unterstützung auf keinen Fall schädlich. Was er nicht weiß, macht den Sklavenhalter nicht heiß. Moral braucht Sichtbarkeit. Warum sollte Ethik das einzige Gut sein, das ohne Werbung, Marketing und Prime-Time-TV auskommt?

Warum also zeigt »Galileo« nicht endlich einmal zwei Textilarbeiterinnen in Bangladesch monatelang beim kargen Versuch, ihre Familien dem Hungertod zu entreißen? Klar: Dafür gibt es keine Quote. Aber doch sicher, in unseren zynisch-narzisstischen Zeiten, einen mordsmäßigen Imagegewinn: Seht her, wir sind besser als ihr, wir sind der Sender mit der Moral!

Die Steigerungsform der mediengerechten Moral Visibility, der moralischen Sichtbarkeit, ist der sogenannte Shitstorm im Internet. Was kann er bewirken? Fragen Sie Philippe Varin.


## Mediendruck als Moralerziehung

Als vor einiger Zeit herauskam, dass der scheidende Peugeot-Chef eine vertraglich vereinbarte Firmenrente von circa 300 000 Euro jährlich kassieren sollte, brach in Frankreich Krawall aus. In Zeiten, in denen Tausende Mitarbeiter gefeuert werden oder Gehaltseinbußen hinnehmen müssen, ist so etwas »schwer vermittelbar«, wie es der offizielle PR-Slang formuliert. Oder umgangssprachlich ausgedrückt: einfach unanständig. Was machte Varin?

Er ignorierte die moralische Empörung und erklärte, dass es sich bei dem Betrag weder um eine Abfindung noch um eine Entschädigungszahlung handele. Für ihn machte das einen Unterschied. Der Franzose auf der Straße sagte:»300 000 sind 300 000 – egal, wie der das nennt!« Als die Proteste gar zu heftig wurden, verzichtete Varin auf seinen goldenen Fallschirm. Aus »Respekt vor der Leistung meiner Mitarbeiter« und mit Blick auf die harten Einschnitte im Zuge des Sparkurses des Unternehmens.

Er sagte nicht:»Weil es unmoralisch ist.« Immerhin aber verzichtete er. Ergo: Medien sind ein gutes Moralkorrektiv. Shitstorms – so unflätig ihre Form auch ist – funktionieren oft. Wenn, sofern und sobald sie die Themen aufgreifen, die aufgegriffen werden müssen. Krawalle im Internet merzen inzwischen viele moralische Verfehlungen von Unternehmen aus – leider noch nicht von Konsumenten. Das Internet ist Korrektiv.

Es könnte noch viel wirksamer moralisch korrigieren, wenn es nicht wie bislang lediglich sporadisch und unsystematisch genutzt würde. Es hat sich noch keine moralische Instanz, keine ethisch maßgebliche Plattform im Internet etabliert, keine »Stiftung Warentest für Marktmoral«. Wer springt in die Bresche?

## The Missing Link

Wir haben auf den zurückliegenden Seiten diskutiert, was viele – längst nicht alle! – von uns zu Sklavenhaltern macht:

- ein meist unreflektiert gelebtes Selbstverständnis: Homo oeconomicus vs. Homo moralis;
- fehlende oder wirkungslose Erziehungsimpulse in Kindheit und Schule;
- fehlende oder untaugliche Versuche, mit unseren neurotischen Neigungen umzugehen;
- unser mangelndes Vokabular, wenn es um ethisch korrektive Rückmeldungen geht;

- eine rudimentäre bis fehlende moralische Kontrolle;
- die mangelnde Institutionalisierung dieser Kontrolle;
- die schwache Sichtbarkeit der Moral;
- das nur sporadisch eingesetzte Mittel der korrektiven veröffentlichten Meinung.

Das sind eine Menge Baustellen, an denen sich anzusetzen lohnt. Und? Krempeln Sie die Ärmel hoch, um sich und andere von der Sklavenhalterei zu befreien?

Der Grund, weshalb es diese To-do-Liste gibt, ist auch der Grund, warum wir sie nicht anpacken: Es fehlt etwas. Es fehlt das Bindeglied zwischen Wissen und Handeln. Spätestens seit den Aufklärern kursiert der Mythos, dass dieses Missing Link die Vernunft sei. Dem möchte ich im Folgenden widersprechen.

»Wir haben uns an die Leiden anderer gewöhnt.
Es betrifft uns nicht, es interessiert uns nicht, es geht uns nichts
an. Die Wohlstandskultur macht uns unempfindlich für die Schreie
der anderen und führt zur Globalisierung der Gleichgültigkeit.«

*Papst Franziskus*

# 5 WER ZU FAUL IST FÜR MORAL, KRIEGT DEN NUDGE

Verena, Managerin, 47, wollte »schon lange mal« auf fair gehandeltes Meeting-Gebäck umsteigen, kam aber »irgendwie« nicht dazu. Eines Tages war sie bei einem großen, renommierten Kunden zum Meeting, in dessen Sitzungssaal die Moral Snacks nicht nur samt Verpackung prestigeträchtig auf Serviertellern arrangiert, sondern auch noch mit einem kleinen Aufsteller versehen waren: »Wir knabbern fair!« Zwei Tage später bestellte sie für 80 Euro moralisch einwandfreies Knabberzeug. Hallo? Das ist aber unlogisch!

Das Knabberzeug war doch schon vor ihrem Kundenbesuch zu haben! Warum kaufte sie es erst danach? Warum läutete sie nicht die blanke Vernunft von der Sklavenhalterin zur Globalisierungskosmopolitin, sondern erst das Aufeinandertreffen mit einem Vorbild? Theo, der Familientherapeut, sagt: »Weil es eine Narzisstin nicht vertragen kann, wenn sie von ihrer Peergroup abgehängt wird!« Verena wusste vorher schon, was getan werden muss. Sie wusste es – aber sie tat es nicht. Erst die Begegnung mit jemandem, der sie ihrer eigenen unbewussten Vorstellung nach zu übertrumpfen drohte, gab ihr den entscheidenden Anstoß.

Dieses Konzept vom entscheidenden Anstoß, vom sogenannten *Nudge* (wörtlich: Stupser), ist nicht erst seit dem gleichnamigen Bestseller von Richard H. Thaler und Cass R. Sunstein bekannt. Jede Mutter kennt es im Grunde. Eine erzählte mir: »Mein Jüngster war die ersten drei Jahre auf dem Gymnasium grottenschlecht in Englisch. Dann fand er einen neuen besten Freund, der in seiner Freizeit gerne *Calvin and Hobbes* liest – im englischen Original. Seither hat sich der Notenschnitt meines Sohnes um eine Note verbessert.« Sein Freund hat ihn unbewusst, unreflektiert genudget, angestoßen.

Der Nudge ist der ausschlaggebende Impuls zum Handeln. Der Tropfen, der das Fass des Verhaltens zum Überlaufen bringt. Der Blitzstrahl, der den Sklavenhalter erleuchtet und vom Saulus zum Paulus verwandelt. Der Strohhalm, der das störrisch-träge Kamel dazu bewegt, in die Gänge zu kommen. Warum braucht das Kamel diesen Stups? Schließlich sind wir keine Kamele! Nein. Aber so ganz können wir dem Tierreich nicht entkommen. Denn wir sind mit dem Elefanten unterwegs.

## Elefanten und Reiter

Nehmen Sie das Rauchen oder jedes andere Laster – welches ist Ihre Lieblingssünde? Jede Wette: Sie *wissen* ganz genau, dass es Ihnen oder anderen per Saldo nicht guttut. Warum geben Sie es nicht auf?

Weil Sie keine Lust dazu haben! Wenn Vernunft und Lustprinzip im Clinch liegen, gewinnt neun von zehn Runden wer? Natürlich. Wir tun nur selten, worauf wir keinen Bock haben – auch wenn es noch so vernünftig, moralisch, notwendig, logisch, gesund, eheerhaltend oder lebensrettend wäre.

> »Some would rather be ruined than changed.«
>
> *W. H. Auden*

Manche ruinieren sich lieber, bevor sie sich ändern. Der Mensch ist nun einmal unvernünftig! Ach ja? Aber er ist doch vernunftbegabt! Er heißt sogar so: Homo sapiens, der wissende Mensch. Wie kann er vernünftig *sein* und trotzdem unvernünftig *handeln*? Weil er eben nicht eines von beiden ist – darin bestand der Irrtum unseres bisherigen Denkens: Er ist beides. Jonathan Haidt – er ist nun einmal der Guru der

Moralpsychologen – hat dazu die marktgängige Metapher geliefert. Wir verwenden im Folgenden eine dezidierte Variation seines Ansatzes.

Haidt vergleicht den menschlichen Geist mit einem Gespann aus Reiter und Elefant: Der Intellekt ist der Reiter, der Affekt der Elefant. Der Reiter weiß ganz genau, dass er sich zum Beispiel gesünder ernähren müsste. Doch der Elefant kann damit nichts anfangen: »Was soll'n das heißen? ›Gesünder‹ essen? Geht's nicht konkreter? Nö? Dann reich mir mal die Chipstüte. Ich habe Lust auf was Deftiges!«

Deshalb funktionieren nackte Vernunft, gut gemeinte Moralappelle, gute Vorsätze und Diäten nicht: Der Reiter erkennt die Notwendigkeit des Handelns, aber der Elefant hat grad keine Lust (oder findet die Vernunft zu sperrig). Susanne kennt das: Ihr Sohn war lange Zeit mit dem Elefanten unterwegs – und legte dabei zehn Kilo zu. Das Verrückte: Er wollte abnehmen, er nahm sich das an die hundert Mal ernsthaft vor – es ist nicht lustig, als Kind von anderen Kindern gehänselt zu werden (ich fange lieber nicht mit dem Thema »Die Moral der Kinder« an). Doch jedes Mal, wenn Susanne an seinem Zimmer vorbeikam, hatte er einen Schokoriegel im Mund. Mutter und Kind waren verzweifelt. Sie redete ihm gut zu, sie redete »vernünftig« mit ihm, sie stärkte seine Motivation mit Aufmunterungen, sie kochte ihm gesundes Essen – sehr vernünftig.

Als endlich das beiderseitige Vertrauen in die Vernunft erloschen war, leider »zehn Kilo zu spät!« wie Susanne meint, räumte sie in einer Nacht-und-Nebel-Aktion jeden Schokoriegel, jedes Krümelchen Gebäck und sämtliche Softdrinks aus Schrank, Keller und Speicher. Der Kleine ging schlagartig auf Entzug (auf Kompensationskäufe via Taschengeld kam er glücklicherweise nicht). Er tobte und heulte einige Tage, beruhigte sich nach und nach – und nahm zwölf Kilo ab. Was die Vernunft nicht erreichte, bewirkte ein blöder Nudge, ein einfacher Anstoß. Das finden Sie extrem manipulativ? Das verstehen Sie nicht unter »Moral«? Guter Einwand. Was ist dann Moral?

Goethes moralischer Imperativ fordert: »Edel sei der Mensch, hilfreich und gut.« Der Mensch solle moralisch *sein*. Und wenn Goethe sich irrte und Menschen, abgesehen von Ausnahmen, einfach nicht moralisch *sein* können? Weil Moral kein fixer Charakterzug ist, sondern reines, nacktes, variables und kontextabhängiges Verhalten? Wie

Schuhezubinden oder Zähneputzen? Für beides braucht man keine moralische oder anderweitige Überzeugung.

Wenn dem so wäre, wenn ethische Reife kein Charakterzug, sondern ein Verhalten, eine Gewohnheit wäre, hätten wir keine Moralerziehung im Sinne einer Charakterbildung nötig, sondern lediglich ein straffes kognitiv-behavioristisches Training für korrektes Schuhezubinden in ethischen Fragen. Dann bräuchte der Sklavenhalter für seine Läuterung keine Moralappelle, sondern schlicht genügend Stupser. Unseren täglichen Nudge gib uns heute. Das ist ein Riesenunterschied. Nicht für die Moralfrage an sich: Was ist moralisch? Sondern für die entscheidendere Frage: Wie schaffen wir es, uns von der Sklaverei zu befreien?

Mit diesem Riesenunterschied im Hinterkopf ergeben viele Puzzleteile einen neuen Sinn: Asch mit seinen Konformitätsexperimenten (s. Kapitel 3). Milgram mit seinem Töte-den-Probanden-Experiment. All die, die behaupten, dass der Mensch nicht ausschließlich, aber vor allem auch ein Produkt von Umwelt und Situation sei. Was, wenn die alle Recht haben?

Dann hätten wir keine komplett neue Moral, aber doch eine radikal neue Moralpädagogik. Eine Moralpädagogik für Elefanten, eine Moral der Manipulation: Was für ein Rezept! Viel zu gut, um es ungenutzt bleiben zu lassen.

## Wir können uns selbst austricksen

Eigentlich wollte ich ein Buch *pro Moral* schreiben. Ich fürchte, bislang ist mir das gründlich misslungen.

Jede Wette: Seit Sie das Buch in die Hand nahmen, haben Sie keine einzige Konsum- oder Managemententscheidung anders, moralischer getroffen als vorher. Ich bin gescheitert. Sogar am mindesten meiner Ansprüche: am Anspruch an mich selbst. Seit ich an diesem Manuskript arbeite, bin ich gut und gerne ein Dutzend Mal am Weltladen vorbeigefahren. Aber irgendwie reicht nie die Zeit oder der Wille für einen Abstecher. Wir haben immer noch den falschen Honig im Küchenschrank (die meisten Discounter haben Fairtrade-Honig erst nach Fertigstellung dieses Manuskriptes ins Regal genommen).

Susannes Sohn hat mehr mit mir gemeinsam, als uns dreien lieb sein kann. Er hat ein Gewichtsproblem, ich ein Moralproblem. Er ist total motiviert abzunehmen. Ich bin total motiviert, endlich den richtigen Honig zu kaufen. Keinem von uns beiden gelingt es, trotz guten Willens, ausreichend Intellekt, Einsicht und Möglichkeiten. Wir nehmen uns ernsthaft vor, das blöde Spiel intelligenter zu spielen (vgl. Kapitel 1). Wir kämpfen mit eisernem, aber ständig erlahmendem Willen gegen unsere neurotischen Ess- und Kaufgewohnheiten (vgl. Kapitel 3). Wir holen die versäumte Bildung (vgl. Kapitel 4) nach, indem wir Ernährungs- und Moralratgeber lesen. Aber immer noch greift er zu jedem verfügbaren Schokoriegel und ich fahre am Weltladen vorbei.

Bis zu dem Tag, an dem Susanne jeden Keks, jede Praline und alle Schokolade aus dem Haushalt entfernt. Und der Junge nimmt ab. Er übt nicht deshalb Abstinenz, weil er intelligenter, besser oder willensstärker geworden wäre. Er nascht nicht mehr, weil nichts mehr da ist. Was nicht da ist, damit kann man nicht sündigen. Abstinenz durch Absenz.

Das ist ein Trick. Das ist blanke Manipulation nach dem Muster »Schnall dich an, sonst stirbt ein Einhorn«? Natürlich! Doch diese Frage interessiert mich nicht mehr. Nicht, nachdem ich zum x-ten Male am richtigen Honig vorbeigefahren bin. Mich interessiert nur eine Frage: Funktioniert dieser üble Muttertrick nicht nur mit Schokolade, sondern auch mit der Moral? Nicht nur bei Teenagern, sondern auch bei einer Professorin?

Wenn jemand uns, die Moral und die Welt retten kann, dann ist es nicht Supermann, sondern diese Frage. Denn wenn die Antwort auf diese Frage »Ja« lauten würde, dann müssten wir nicht mühsam ein dummes Spiel intelligenter spielen (s. Kapitel 1). Wir müssten nicht für jedes T-Shirt, jedes Tablet abwägen, ob die dafür arbeitenden Kinder freiwillig oder unfreiwillig arbeiten (s. Kapitel 2). Wir müssten nicht unsere und die Neurosen im Management therapieren (s. Kapitel 3). Und wir müssten keine andragogische Bildungsoffensive der Moral Education starten (s. Kapitel 4).

»Zu 100 Prozent aus nicht abgebrannten Textilfabriken.«

*Vorschlag von Denis Metz für ein neues Öko-Label für Textilien*

Wir müssten nicht den langen Weg zur Moral gehen. Wir könnten die Abkürzung nehmen. Wir müssten uns nicht umständlich und lange in Richtung Nachhaltigkeit bewegen. Wir würden einfach den Turbo zünden.

Gibt es eine Turbo-Moral?


## Moralmetapher Milch

Um diese Frage zu klären, entpuppt sich Susannes Schoko-Metapher als überraschend fruchtbar: Nasch- und Moraldilemmata sind sich zum Verwechseln ähnlich. In beiden Fällen *will* jemand (abnehmen, moralisch handeln), *kann* aber nicht. Didaktisch betrachtet ist Ernährung und Gesundheit sogar das bessere Thema: Gesundheit ist die perfekte Metapher für Moral, wenn wir über den *erzieherischen,* verhaltenstheoretischen Aspekt beider Themen sprechen wollen.

Weil Gesundheitserziehung, wen wundert's, wenn nicht deutlich besser erforscht ist als Moralerziehung, so doch didaktisch und pädagogisch eingängiger ist. Weil alles, was die Forschung in den letzten Jahren zur Gesundheitserziehung herausgefunden hat, sich nahezu 1:1 auf die Moralerziehung übertragen lässt – wenn wir ganz isoliert lediglich den Verhaltensaspekt beider Themen betrachten.

Platt gesagt: Wenn wir wissen, warum wir an einer Diät scheitern, dann wissen wir auch sehr viel darüber, warum wir an der Moral scheitern. Die Gründe sind in beiden Fällen Handlungshemmungen wider besseres Wissen.

Die Hoffnung: Wenn wir unser Ernährungsversagen heilen können, können wir auch unser Moralversagen heilen. Also suchen wir uns ein schönes Ernährungsversagen aus und testen die Therapie. Wobei werden Sie schwach? Was darf ich Ihnen anbieten, um Sie in Versuchung zu führen: Pralinen, Schokolade, Kekse?

Wir alle wollen gesund sein und bleiben. Gesund, fit und attraktiv. Deshalb kaufen wir neue Joggingschuhe, die dann im Schrank verstauben. Deshalb trinken wir vollfette Milch, obwohl wir fünf, zehn, 20 Kilo zu viel drauf haben; insbesondere in den USA ein Problem epidemischen Ausmaßes. Wir würden so gerne schlank und fit sein/ werden/bleiben. Aber dann ertappen wir unsere Hand doch wieder dabei, wie sie wie von einem fremden Willen gesteuert nach der vollfetten Milch greift, mit der vor allem Amerikaner morgens Berge von Frühstücksflocken vertilgen: akutes Versagen der individuellen Gesundheitsvorsorge.

Angesichts der Fettleibigkeit von Millionen Amerikanern wollten auch die beiden US-Professoren Steve Booth-Butterfield und Bill Reger von der West Virginia University sich am Kampf um die Volksgesundheit beteiligen. »Ernährt euch gesünder!«, fordert die US-Regierung seit Jahren mit millionenschweren Aufklärungskampagnen. Leider verklangen solche Appelle in der Vergangenheit notorisch ungehört – so ungehört wie Moralappelle. Der Reiter, die Metapher für unseren rationalen Verstand, hört recht wohl diese Appelle, er ist ja nicht taub – aber da hat der Elefant, unser emotionales Unterbewusstes, mit seinem gierigen Rüssel schon nach der Chipstüte, dem Schokoriegel oder eben der Vollmilch gegriffen.

Der Elefant hat zwar große Ohren. Aber Appelle im Dienste wirklich wichtiger Dinge wie Beziehungstreue, finanzielle und gesundheitliche Vorsorge, Ernährung, Moral oder Bewegung überhört er geflissentlich – sonst gäbe es keine Seitensprünge, kein verhaltensbedingtes Übergewicht, keinen Sonntagmorgenkater und keinen Drogenmissbrauch.

Niemand braucht »Appelle an die Vernunft«, das heißt: Appelle an den vernünftigen Reiter. Die Vernunft futtert keine Chips. Wir brauchen einen Zirkusdompteur für die Elefanten in der geistigen Manege. Das zumindest schlussfolgerten Booth-Butterfield/Reger.

## Das Monster manipulieren

Die beiden US-Wissenschaftler verzichteten auf weitere gut gemeinte, teure, aber nutzlose Appelle à la »Ernährt euch gesünder!«. Sie gaben dem Elefanten etwas anderes. Nämlich die simple und schmucklose Aufforderung: »Bitte kaufen Sie ab sofort nur noch Milch mit 1 Prozent Fett!« Ist das nicht auch ein Appell? Das sind doch auch nur Worte, in den Wind gesprochen! – Es brachte die Wende.

Während die millionenschweren Appelle der Regierung an »das Gesundheitsbewusstsein der Bevölkerung« den Konsum fettarmer Milch im Testmarkt nie verändern konnten, verdoppelte sich der Verbrauch nach dem Dickhäuter-Aufruf binnen sechs Monaten nahezu von 18 auf 35 Prozent Marktanteil. Der Elefant, der so lange Jahre bewegungslos auf dem Sofa gelegen und die Gesundheit der Amerikaner ruiniert hatte, bewegte sich plötzlich. Genau das wollen wir. Auf exakt so einen Durchbruch warten wir auch beim Thema Moral. Nachdem er sich vorher jahrzehntelang mit der falschen Milch sein Cholesteringrab geschaufelt hat, wird der Elefant plötzlich moralisch und kauft schlagartig die richtige Milch. Die gedankliche Übertragung dieser Erdrutsch-Veränderung auf die Globalisierung lässt den Geist erzittern: Was, wenn so eine Radikalkur mit den Gräueln der Globalisierung möglich wäre? Unsere Neugier ist geweckt: Warum änderte der Elefant sein Verhalten?

Weil er einsichtig wurde? Ernährungsbewusster? Moralischer? Nein. Die Lösung ist einfacher: Kein Elefant der Welt kann mit »Essen Sie gesünder!« etwas anfangen. Das ist ihm zu abstrakt, zu ungenau, zu wenig handlungsleitend. Er erkennt an so einem pauschalen Appell nicht, welches konkrete Verhalten er an den Tag legen soll. Dass es der Reiter, unser Verstand, erkennen kann oder könnte, löst eben nicht zuverlässig eine Handlung aus. Das ist die Elefant-Reiter-Erklärung dafür, dass wir oft etwas »besser wissen«, es aber nicht tun. Erst der spezifische Nudge, also der dezidierte, konkrete, einfache und leicht umzusetzende Handlungsanstoß (to nudge: anstupsen, anstoßen) änderte das: »Kauf 1-Prozent-Milch!« Viele der Probanden meinten danach: »Endlich weiß ich, was die Regierung meint, wenn sie sagt, wir sollen uns gesünder ernähren. Warum haben die das nicht früher gesagt?« Weil in Regierungen viele Reiter sitzen, die den eigenen Elefanten verdrängen.

Der kleine Stups der beiden Professoren veränderte das Konsumentenverhalten massiv, verbesserte die Gesundheit vieler Amerikaner, ließ Pfunde purzeln und sparte den Krankenversicherungen eine Menge

Geld. Die beiden hatten sozusagen den Change-Turbo erfunden. Wurde den beiden Wissenschaftlern umgehend der Nobelpreis verliehen? Natürlich nicht. Keine gute Tat bleibt ungestraft. Konservative, Intellektuelle und Leitartikler entrüsteten sich: »Eingriff in die Entscheidungsfreiheit des Menschen! Gesundheitsdiktat! Regulierungsterror! Man kann erwachsenen Menschen doch nicht vorschreiben, was sie trinken sollen!«

Das sind typische Reiterargumente. Der Reiter verkompliziert die Dinge gerne so lange, bis der Elefant Kopfweh bekommt und schon aus reinem Frust zur Chipstüte oder zur Zigarette greift. Der Reiter macht die Dinge gerne so kompliziert, dass sie unmöglich werden und sich Wahrheit in Lüge verwandelt: Von »Vorschreiben« war niemals die Rede. Niemand verbot Vollmilch. Niemand nahm sie aus dem Regal. Niemand erließ ein Gesetz dazu. Niemand bestrafte ihren Kauf oder führte Razzien durch, bei denen die Vollmilch im Kühlschrank mit vorgehaltener Waffe konfisziert wurde.

Booth-Butterfield/Reger machten den Kauf der richtigen Milch nicht zur Vorschrift, sondern baten die Elefanten im Testmarkt lediglich höflich, aber eben elefantengerecht sehr konkret, eine ganz bestimmte andere Milch zu kaufen. Sie appellierten nicht an die Vernunft (den Reiter), sondern nudgeten, stupsten den Elefanten. Sie formulierten im Unterschied zum elefanten-unkundigen Regierungsapparat ihren Nudge (Stups) so konkret und dezidiert, dass es der Elefant sofort verstand und daher umsetzen konnte und vor allem *wollte*: Er fühlte sich nicht manipuliert, sondern aufgeklärt und angeleitet! Die Bürger fühlten sich unterstützt und wertgeschätzt. Warum also sollte man dieselben Bürger dazu auffordern, »etwas gegen die Ungerechtigkeiten der Globalisierung zu tun«? Damit kann der Elefant nichts anfangen. Aber er weiß, was zu tun ist, sobald er einen Werbe-Flyer sieht mit dem Slogan: »Kauft fairen Honig!«

Moral wird viel zu komplex beworben. Wer auch nur fünf Minuten einem Moralphilosophen zuhört (es gibt Ausnahmen), bekommt Kopfschmerzen. Dabei möchte der Elefant in unserem Hinterkopf nur hören: »Kauf den besseren Honig! Informier dich über das neue Smartphone ohne Blutmineralien! Kauf Kleidung mit Zertifikat!« Das wäre prinzipiell die Lösung für unser globales Moralproblem. Leider ist diese

Lösung nicht zulässig. Wir sind als Zivilisation dazu verdammt, wie in Dantes Inferno an einer infernalischen Unmoral zugrunde zu gehen. Weil man all das, was den Elefanten zur Moral bewegen könnte, nicht zum Elefanten sagen darf.

Natürlich nicht. Weil man freie Bürger nicht derart manipulieren darf.

Diesen Einwand höre ich ständig.

Das ist ein seltsamer Einwand aus dem Munde eines Menschen, der selber täglich manipuliert. Wir alle tun es. Sogar Babys.

## Verhaftet das Baby!

»Schahatz – wo sind denn die guten Teller?«, ruft er aus dem Wohnzimmer. »Was soll die dämliche Frage?«, fragt sie sich in der Küche. Er hat die Teller anlässlich sporadischer Familienfeste schon öfter aus dem Wohnzimmerschrank geholt; linke Tür, unteres Regal. Aber Schahatz kommt extra aus der Küche, zeigt es ihm und holt dann die Teller selber raus. Schon wieder hat sich ein Elefant durch Vorschützen von Unwissenheit um eine Aufgabe im Haushalt erfolgreich gedrückt. Manipulation gelungen. Übrigens, wie geht die erfolgreiche Gegenmanipulation?

Jede Ehefrau, die irgendwann erkannt hat, dass sie mit einem Elefanten verheiratet ist, ich spreche hier ausdrücklich nicht aus Erfahrung, kennt die Gegenmaßnahme: »Lass mal, ich hole die Teller selber aus dem Schrank – wenn du mir dafür kurz das Gemüsewaschen abnimmst.« Und – gepriesen sei der Herr! – ein Wunder geschieht. Der Dickhäuter brummt, er flucht, aber er »findet« ganz plötzlich doch die guten Teller da, wo er sie dutzendfach vorher gefunden hat. Gegenmanipulation gelungen!

Auf diese oder andere Weise manipulieren wir alle Dutzende Male am Tag; Narzissten und Histrioniker häufiger, Psycho- und Soziopathen praktisch ununterbrochen. Meist manipulieren wir unbewusst, aber mit umso mehr Genuss und Erfolg. Dates sind Manipulation pur – obwohl niemand mit dem Vorsatz der Manipulation ein Date wahrnimmt. Ist nicht nötig; das machen wir ganz automatisch, also unbewusst. Vorstellungsgespräche sind reine gegenseitige Manipulationsversuche, und fragen Sie doch mal die milliardenschweren Mode- und Werbeindustrien, was ihre existenzielle Aufgabe sei. Also kommen Sie mir nicht damit, dass Manipulation fragwürdig sei. Natürlich ist sie das! Aber das hindert keinen von uns an ihrer Ausübung. Unsere Zivilisation ist auf Manipulation aufgebaut. In allen Dingen des Lebens erlauben und pflegen wir sie, nur bei der Moral wollen wir sie verbieten? Unglaubwürdig. Vor allem angesichts dessen, wie früh Sie und ich begonnen haben, andere zu manipulieren. Erinnern Sie sich noch?

Schon als Baby lächelten wir, damit ein Erwachsener uns hochnimmt oder mit der für Babys wichtigen Präsenz beglückt. Das Baby schreit, damit es gestillt und gewickelt wird. Wenn es das nicht täte, wenn diese Manipulation nicht genetisch bedingt ausgelöst wäre und funktionieren würde, wären wir spätestens im Neandertal wegen epidemischer Kindesvernachlässigung ausgestorben. Das Baby weiß zwar nicht, warum – aber es ist ein Meister der Manipulation. Böses, böses Baby! Angebot: Wenn Sie dem Baby Schreien und Lächeln verbieten, höre ich mit der Moralmanipulation auf.

Bereits das Baby demonstriert übrigens, weshalb Manipulation zwar hochgradig interventionistisch, aber nicht kategorisch unmoralisch ist: kein Zwang! Die Mutter muss das Kind nicht hochnehmen, wenn es schreit. Vielen Müttern gelingt das auch anstandslos – fragen Sie nicht mich oder die Psychologin Alice Miller, was das mit dem Kind macht. Langer Rede kurzer Sinn: Im Folgenden verstehen wir unter einer »Manipulation« oder einem Nudge jede Verhaltensbeeinflussung, bei der keinerlei Zwang ausgeübt und keine Alternativoption beschnitten wird. Niemand zwang die US-Probanden, 1-Prozent-Milch zu kaufen. Sie taten es genudget, gestupst, aber freiwillig – und mit viel Freude und Gewinn. Sie verloren Pfunde. Sie hätten weiterhin die Vollfettmilch kaufen können – viele taten es. Der Anteil der »korrekten« Milch stieg auf 35, nicht auf 100 Prozent Marktanteil ...

Natürlich kann man selbst eine zwanglose Manipulation ablehnen und in Sachen Gesundheit und Moral rein auf Vernunft und Einsicht des Menschen setzen – das meine ich übrigens nicht ironisch! Ich respektiere diesen Standpunkt. Ich nehme mir jedoch die Freiheit, einen Schritt weiter zu denken: Angenommen, wir lassen für einen Augenblick die Manipulation des Moralmonsters aus gesundheitlichen, moralischen oder anderen überragenden Gründen zu – was heißt das dann?

Es heißt: Wir haben die Moral bislang falsch angepackt. Wir haben uns gefragt, wie Globalisierung, wie Manager und Menschen moralischer werden könnten. Das bringt viel, aber es ist mir nicht genug. Es ist Zeit, eine andere Frage zu stellen. Eine simple Frage.

## Was will der Elefant?

Wussten wir es doch! Wir sind keine bösen Sklavenhalter, weil wir böse Menschen sind. Ich bin gar nicht schuld daran, dass ich immer noch den falschen Honig kaufe – mein Elefant ist schuld!

Natürlich ist die Versuchung groß, diese billige Entschuldigung wie einen kombinierten Ablass- und Freibrief vor sich her zu tragen: »Ich kann doch nichts dafür, dass Sklaven für mich arbeiten! Schuld daran ist nur mein Elefant!« Kindisch? Ja, natürlich. Aber auch hoffnungsfroh: Wir alle kennen Elefanten. Das sind keine bösen Tiere. Im Gegenteil. Sie sind herzensgut. Sie lieben einander und sie mögen (aus unerfindlichen Gründen) Menschen. Sie lernen gerne (nicht nur für den Zirkus). Vorausgesetzt, die Lektionen sind elefantengerecht.

Ein Elefant ist kein Schachgroßmeister. Elefanten wurden von der Evolution nicht dafür geschaffen, stundenlang darüber nachzudenken, was die Regierung mit dem milliardenschwer beworbenen, aber extrem abstrakten Slogan »Ernähren Sie sich ausgewogen!« nun eigentlich konkret meint. Elefanten grübeln nicht lange nach. Weder über Ernährung noch über Moral (Reiter grübeln ewig – aber wer grübelt, handelt nicht).

Wenn der sympathische Dickhäuter wieder mal zur Zigarette oder Chipstüte greift, einen Seitensprung wagt oder sich das dritte neue Smartphone in einem Jahr zulegt, dann ist es doch gerade charakteristisches Merkmal seiner Tat, dass er vorher nicht lange darüber nachdenkt. Der Elefant ist ein netter Kerl, aber er denkt nicht gerne. Er will lieber wissen, wo's langgeht, klare Ansage, scharfe Kante, deutliche

Richtung. »Iss gesünder, sonst beißt du mit 50 ins Gras!« ist zwar eine gut gemeinte Aufforderung, aber dem Elefanten viel zu abstrakt. »Kauf nur noch 1-Prozent-Milch!« ist so konkret, dass der Elefant sofort in die richtige Richtung lostraben kann. Für diese elefantöse Erkenntnis brauchen wir übrigens nicht Booth-Butterfield/Reger. Jede Mutter weiß das. Wirklich?

»Räum dein Zimmer auf!« zum Beispiel bringt nicht viel – obwohl man es in Kinderzimmern ad nauseam hört. »Muss ich dir denn alles hundert Mal sagen?« Ja, wenn du als großer Reiter zum kleinen Reiter sprichst: abstrakt, auffordernd, allgemein, grundsätzlich, pauschal, indirekt, »gut gemeint«. So denken und formulieren wir oft. Wir denken, damit müsste doch eigentlich alles klar sein. Wer denkt? Der Reiter. Und dem Reiter des Kindes ist auch alles klar. Kein Kind ist so dumm oder verbockt, dass es die Zweckmäßigkeit eines aufgeräumten Zimmers nicht erkennen würde: Die Mutter kann endlich mit dem Sauger durch und das Kind findet auch wieder etliche Spielsachen, die längst als verschollen galten. Das Problem ist bloß: Der Reiter des Kindes erkennt das. Der Elefant dagegen will nichts davon wissen. Vor allem dann nicht, wenn er sich nicht angesprochen fühlt, weil er nicht angesprochen wird. Leider tun (manche) Eltern das permanent: Sie reden »vernünftig« mit dem Kind. Ist der Reiter gerade am Drücker, funktioniert das. Also ungefähr drei Mal am Tag (die Polemik sei mir gestattet – ich bin Mutter). »Vernünftig« mit Kinder zu reden ist gut gemeint.

Nur leider spricht der kindlich-elefantöse Handlungsantrieb auf diese abstrakte, vernünftige und gut gemeinte Reiter-Ansprache in der Regel (es gibt glühende Ausnahmen) nicht an: Handlungen sind immer konkret, also muss es die Ansprache im Idealfall auch sein – wenn sie wirksam sein möchte. Allem Anschein nach wollen das überraschend wenige Eltern, Lehrer, Politiker und Manager. Sie möchten das zwar auch, aber in erster Linie möchten sie beliebt sein, wichtig, seriös, angesehen, gut bezahlt, in Ruhe gelassen werden ... Also lassen sie ihren Reiter formulieren, nicht ihren Elefanten. Das wirkt dann seriös – aber es überzeugt den Elefanten im Ansprechpartner nicht. Merke: Willst du, dass etwas gemacht wird, sprich zum Elefanten!

»Zimmer aufräumen« umfasst aus Sicht vor allem eines Kindes oder eines hausarbeitsabgeneigten Gatten »unendlich viele«, also mindestens ein halbes Dutzend Einzeltätigkeiten – die von wirkungsarmen Eltern/ Ehepartnern eben nicht dezidiert angesprochen werden. Deshalb mosert der Baby- oder Partner-Elefant hinterher prompt:

>Socken wegräumen? Hast du aber nicht gesagt!«

>Das ist ja wohl selbstverständlich, dass das zum Zimmeraufräumen gehört!«

>Das hast du aber nicht gesagt!«

>Muss man dir denn immer alles haarklein erzählen?«

>Ja! Bitte! Bitte, bitte, bitte – und wann kapiert ihr Erwachsenen das endlich?«

Es ist der Leitspruch der neurowissenschaftlichen Moralerziehung: Gib dem Elefanten Futter! Feed the Elephant!

Manche Eltern haben das verstanden. Das hört man. Sie sprechen Elefantensprache: »Socken – in den Wäschekorb. Lego – in die Schachtel. Alle. Jetzt.« Das muss man nicht hundert Mal sagen, sondern »nur« ein halbes Dutzend Mal. Achten Sie bei nächster Gelegenheit darauf, wie Sie mit eigenen oder fremden Kindern, Männern, Kollegen, Kunden und insbesondere Vorgesetzten reden, wenn Sie etwas von ihnen wollen: Ist das konkret und einfach genug – für den Elefanten?

Das Erlernen der »Elefantensprache« benötigt Vorsatz, Zeit und Training. Wie das Erlernen jeder anderen Sprache auch. Es lohnt sich immens: Man wird plötzlich verstanden!

## Sprechen Sie Elefantisch – die Sprache der Moral

Wenn Sie wollen, dass jemand etwas tut, reden Sie nicht seinen Reiter an. Sprechen Sie mit seinem Elefanten. Sagen Sie es ihm so einfach wie möglich. Und wenn Sie es so einfach wie möglich in Gedanken vorformuliert haben – sagen Sie es *noch* einfacher. »Zu einfach formuliert« gibt es nicht in der Elefantensprache. Der Elefant will es supereinfach, er möchte es megabanaltrivial – das ist übrigens einer der Gründe, warum Vorgesetzte »nicht zur Basis« durchdringen, wie sich viele beklagen.

Kein Wunder: Haben Sie (manchen) Managern schon einmal zugehört? Leider reden viele zu abgehoben, zu abstrakt und mit Fachjargon versetzt (dasselbe gilt für Politiker, Leitartikler und Hochschullehrer). Die Elefanten an der Basis hören das zwar, können es aber nicht in Handlungssprache übersetzen. Viele Elefanten beklagen das auch explizit, hinter vorgehaltener Hand und unter Kollegen: »Alles schön und gut, was er da wieder gesagt hat – aber was sollen wir jetzt konkret damit anfangen?«

Das ist ein Hauptgrund, weshalb so viele Mitarbeiter angeblich »passiv und unmotiviert« sind: keine klare Ansage für den Elefanten. Der vorgesetzte Reiter spricht zu untergebenen Elefanten: Da geht was im Sinne des Wortes »über Kreuz«. Diese kreuzweise Kommunikationspathologie ist auch ein Grund, warum wir »kleine Tyrannen« haben und warum Moralerziehung (s. Kapitel 4), so sie denn mal unternommen wird, gelegentlich versagt: Wir können uns dem Elefanten nicht verständlich machen. Können wir das wirklich nicht?


## Wir wollen nicht verstanden werden

Warum reden Vorgesetzte häufig so hochtrabend, dass sie nur der Reiter versteht und der Elefant ratlos aus der Wäsche guckt? Weil sie oft »seriös« klingen, Eindruck machen wollen. Das gelingt ihnen regelmäßig auch – unter völligem Wirkungsverlust: Es gibt einen Trade-off, eine Wechselwirkung zwischen »seriös« und »wirkungsvoll« (in Bezug auf die operative Zielsetzung der Handlungsanleitung). Kaum jemand kennt diesen Trade-off. Und noch viel weniger Menschen praktizieren ihn. Wenn wir wollen, dass Menschen sich anständig, vernünftig, engagiert, moralisch oder gesund verhalten, sollten wir nicht so sehr »seriös«, regierungsamtlich, intelligent oder »vernünftig« klingen wollen, sondern viel eher elefantös.

Elefantös schlägt seriös. Der Elefant will es weder seriös noch salbungsvoll. Er möchte es einfach und konkret.

Vor allem will er es bequem. Ein unfreiwilliges Feldexperiment dazu lieferte vor einiger Zeit der Discounter im Heimatort einer Studierenden. Durch Zufall sah sie bei zwei aufeinanderfolgenden Besuchen, dass binnen weniger Stunden ein kompletter Sonderposten eines Fairtrade-Produktes aus dem Regal abverkauft worden war: ein Sieg der Moral!

Als die Studierende aus purer Ökonomen-Neugier beim Weltladen am Ort vorbeiging, hatte jener an diesem Tag gerade mal zwei Artikel des Produktes abgesetzt. Sein Standort ist fünf Gehminuten vom Discounter entfernt. Warum siegte die Moral nur im Discounter und nicht auch im Weltladen? Viele, die beim Discounter zugriffen, wussten seit Langem, dass sie dasselbe Produkt auch beim Weltladen bekommen würden. Aber keiner ging hin und kaufte dort. Weil es lediglich der Reiter wusste. Dem Elefanten, der unser Handeln nachhaltig leitet, war schlicht der »Umweg« zum Weltladen zu unbequem. Er torpedierte deshalb den Reiter. Liegen Reiter und Elefant intrapersonell im Clinch, gewinnt langfristig der Elefant die meisten Runden. Erst als der Discounter das Fair-Produkt dem Elefanten griffbereit vor den trägen Rüssel legte, griff dieser zu – dann aber gierig. Was ist der Elefant für ein Tier?

## Da lacht der Elefant

Der Elefant ist ein Faultier. Er will es einfach, konkret, möglichst mit Sozialbelohnung, Image-, Statusgewinn und Applaus. Vor allem möchte er es bequem. Convenience ist seine Moral. Ist sein Handeln dann überhaupt noch moralisch? Oder schon glaukonisch (s. Plato in Kapitel 4)? Akademische Fragen. Praktische Frage: Wie machen wir Moral so bequem, wie verleihen wir dem Moralprodukt so viel Convenience, dass selbst der trägste Dickhäuter in die Gänge kommt?

Es gibt schon heute in vielen Supermärkten Regale mit »Produkten aus der Region« – damit der Elefant mit seinem dicken SUV nicht auch noch raus aufs Dorf zu den Bauernmärkten und -höfen fahren muss.

Fortschrittliche Einzelhändler führen inzwischen zertifizierte faire und/oder ökologisch und sozial nachhaltige Produkte, bei denen man guten Gewissens zugreifen kann.

Im Supermarkt verkaufen sich solche ethisch korrekten Produkte, so leid es mir tut, weitaus besser als im Weltladen: Konsummoral hat viel mehr mit elefantösem One-Stop-Shopping als mit charakterlicher Reife zu tun. Charakterliche Reife ist ein Reiterkonstrukt, One-Stop-Shopping ein Elefanten-Faible. Aber heißt das nicht: Der Elefant hat den Reiter im Griff?

In vielen spontanen Situationen, im Stress und bei »üblen Gewohnheiten«: ja. Das empfinden viele als Beleidigung ihres Intellekts, als Negation des freien Willens. Deshalb kommt die Moral seit Jahrzehnten nicht vom Fleck. Wir wollen nicht wahrhaben, dass wir nicht so vernünftig sind, wie es unserem Selbstbild entspricht. Wir verdrängen die herbe Einsicht, dass uns unsere »niederen Instinkte« mit ihrer Vorliebe fürs Lustprinzip ziemlich gut im Griff haben.

Wir appellieren ständig an Vernunft und Einsicht der Menschen, an ihren »gesunden Menschenverstand« – aber was hilft das? Vernunft und Verstand existieren zwar, sind jedoch in der tätigen Praxis allzu häufig irrelevant, sobald es um konkretes Verhalten in wirklich wichtigen Fragen geht. Der Elefant will keine »sachlich korrekten« oder gar »fundierten« Erläuterungen. Er will den Nudge. Geben wir's ihm!

## Das Marteau-Experiment

Mediziner und Epidemologen predigen: »Sitzen ist das neue Rauchen! Wer mit dem Lift fährt, benutzt den Fahrstuhl zum Schafott! Stehen Sie stündlich mindestens einmal auf und bewegen Sie sich nur für eine Minute!«

Kein Reiter würde Nachvollziehbarkeit, Wirksamkeit, Plausibilität, Glaubwürdigkeit und Dringlichkeit dieses Ratschlags bezweifeln. Den Elefanten juckt das alles nicht die Bohne. Er bleibt sitzen, bis das Kreuz steif ist, der Blutdruck die Richterskala sprengt und sein Reiter vor lauter metabolischer Erschlaffung nicht mehr gerade denken kann. Was dann? Bewegen wir uns dann endlich? Wir bewegen uns – raus in die Kaffeeküche oder nach draußen zum Rauchen. Manchmal könnte man meinen, der Elefant sei geradezu militant gegen alles, was irgendwie vernünftig, gesund, eheerhaltend oder moralisch ist ...

Der Mensch ist zwar vernunftbegabt (Reiter), aber affektgesteuert (Elefant). Der Reiter kann den Elefanten mit Gewalt, sprich mit Disziplin und eisernem Willen, herumreißen – aber nicht lange. In 80 Prozent der Fälle noch nicht einmal für die Dauer einer Diät, daher die hohe Abbrecher- und Jojo-Quote. Willens- ist wie Muskelkraft begrenzt. Recht schnell erlahmt der Wille und der riesige Elefant reißt den kleinen Reiter mit sich – unsere Unterhaltungsindustrie und die Steuerfahndung leben davon.

Deshalb verkniff sich Theresa Marteau von der Universität Cambridge alle guten Ratschläge à la »Bewegt euch mehr! Sorgt bei vorwiegend sitzender Tätigkeit für gesunden Bewegungsausgleich!«. Stattdessen nudgete Frau Marteau den trägen Elefanten. Worauf tippen Sie?

> »Wir sind Täter. Jede Hühnchenbrust, die wir kaufen, trägt dazu bei, dass in Afrika gewachsene bäuerliche Strukturen zerbrechen, weil der dorthin verramschte ›wertlose‹ Rest der Hühnchen den dortigen Markt zerstört.«
> *Ferenc Kölcze in der* Süddeutschen Zeitung *(2014)*

Die Wissenschaftlerin sorgte dafür, dass in dem Bürokomplex, in dem ihr Team das Experiment abhielt, einige der Fahrstühle abgeschaltet wurden. Bei anderen drosselte sie die Geschwindigkeit oder manipulierte die Türen, damit sie sich langsamer öffneten und schlossen. Die Folge?

Spontanheilung der Sitzepidemie! Sofort herrschte reges Treiben im Treppenhaus. Weil alle Büroarbeiter schlagartig vernünftig wurden und ihr Gesundheitsbewusstsein entdeckten? Nein, weil ihren Elefanten die Warterei vor den Fahrstühlen *zu unbequem* wurde. Deshalb verhielt sich der Elefant »vernünftig« und »gesundheitsbewusst«. Nicht »die Stimme der Vernunft« siegte, sondern »die Stimme der Bequemlichkeit«. Faulheit schlägt Verstand an jedem Tag der Woche.

## Muster-Manipulationen

Wenn vernünftiges Verhalten auf derart manipulative Weise zustande kommt – ist es dann überhaupt noch Vernunft? Gute Frage – noch 'ne Frage: Was ist Ihnen lieber – der vernünftigste Mensch der Welt zu sein oder der gesündeste?

Nachdem das Team von der Universität Cambridge entdeckt hatte, wie man Elefanten manipuliert und massenhaft in die Treppenhäuser treibt, gab es für die Forscher kein Halten mehr. Sie nudgeten, was das Zeug hielt. Sie überlegten zum Beispiel, wie man Menschen im Sinne der Verkehrssicherheit und Suchtprophylaxe dazu bringen kann, bei sozialen Anlässen weniger Alkohol zu konsumieren – womit wir uns schon ganz nah an der Moralfrage bewegen. Wie überzeugten die Forscher den trinkfreudigen Elefanten?

Mit Vorträgen zur Aufklärung über die Folgen des Alkoholkonsums? Mit pfiffigen alkoholfreien Longdrinks? Oder mithilfe von Abschreck-Spots mit schweren alkoholbedingten Verkehrsunfällen? Damit verdienen sich Werbeagenturen eine goldene Nase. Immer noch. Weil es so wenig bringt. Warum? Als Merksatz: Don't change the person, change the situation!

Versuch nicht, die Person zu verändern, ändere die Situation! Das ist übrigens eine hübsche Alternativdefinition von »Nudge«. Das Marteau-Team versuchte nicht, die Partygänger vernünftiger zu machen – falls zu »vernünftig« überhaupt ein Komparativ existiert. Es versuchte nicht, die Menschen zu *erziehen*. Es *veränderte* die Situation. Das Team wechselte einfach die Gläser auf der Test-Party aus. Aus breiten Gläsern tranken die Probanden sehr viel mehr als aus hohen, schmalen Gläsern desselben Volumens. Der Trick funktioniert übrigens auch mit Tellern: Wer abnehmen will, sollte sein Mittagessen auf kleinen Frühstückstellern zu sich nehmen. Damit nimmt man im Schnitt ohne Willenskrämpfe und ganz automatisch schneller und leichter ab als mit jeder noch so ausgeklügelten Diät; dem Elefanten sei Dank. Auch Susannes Sohn nahm so ab: Er wurde nicht über Nacht ernährungsbewusster. Das war er schon. Das hatte nur leider nichts genutzt. Nicht er änderte sich. Es änderte sich vielmehr die Situation: Seine Mutter verschenkte alles Naschzeug.

Baut man die Salatbar ganz vorne und das Dessert-Büfett ganz hinten im Speisesaal auf, essen die Leute plötzlich sehr viel »gesünder«, »vernünftiger« und »ernährungsbewusster« – und wir erkennen den Unfug dieser Attribute: »Vernünftig«? Dass ich nicht lache. Salat ist in dieser manipulierten Situation nicht die vernünftigere Wahl, sondern schlicht die bequemere. Gewiss: Auch und gerade ich als Akademikerin bin peinlich berührt von der Primitivität unseres Denkapparates und des riesenhaften Einflusses unseres Elefanten. Es wird immer beklagt, dass die menschliche Dummheit die einzige unbegrenzte Ressource auf Erden sei. Wenn dem so ist: Lasst uns diese Fülle nutzen! Wir sollten aufhören, Menschen ändern zu wollen. Ändern wir Situationen!

## Die Situation macht die Moral?

Wenn es so einfach ist, Menschen zu vernünftigem, gesundheitsbewusstem oder moralischem Verhalten zu verführen – warum machen wir das nicht alle längst? Weil man sich mächtig Ärger damit einhandeln kann. Die Menschen danken es Ihnen nicht immer, wenn Sie ihre Gesundheit oder ihre Moral retten.

Den unfreiwilligen Beweis dafür lieferte ein unglücklicher Facility Manager in einem Düsseldorfer Bürogebäude, der Frau Marteaus Experiment unabsichtlich reduplizierte: Die Aufzugsteuerung im Gebäude spielte zwei Tage lang verrückt. Die auf Trab gebrachten Elefanten waren ihm für den gesundheitsförderlichen Nudge jedoch nicht dankbar. Im Gegenteil. Sie machten ihm zwei Tage lang die Hölle heiß: »Eine Zumutung! Wann laufen die verdammten Lifts wieder? Sie haben wohl die Technik nicht im Griff!«

Die Gesundheitsreferentin der Firma kommentiert: »Die Leute gingen sichtlich beschwingter in den Feierabend – weil sie sich tagsüber deutlich mehr bewegt hatten. Aber verraten Sie das bitte nicht dem Vorstand, sonst feuert der mich, streicht alle teuer subventionierten Betriebssportangebote und setzt einfach sämtliche Fahrstühle außer Betrieb!«

Dem Blutdruck ist es egal, ob er durch freiwillige oder genudgte Bewegung gesenkt wird. Wenn es um die Gesundheit und andere hohe

Güter geht, wie zum Beispiel Moral, könnte theoretisch jedes Mittel recht sein. Der Mensch, ein vernunftbegabtes Wesen? Nur, wenn man ihn anstupst.

Wenn schon der Mensch nicht vernünftig ist, sollte es zumindest die Situation sein. Situationen sind vernünftiger als Menschen. Susannes Sohn nahm nicht zwölf Kilo ab, weil sich sein Charakter plötzlich geändert, er über Nacht einen eisernen Willen bekommen hätte. Im Gegenteil! Sein Wille wurde höchstens noch etwas weicher – dafür veränderte Susanne die Situation. Sie entsorgte die Schokolade. Sie veränderte nicht den Menschen, nicht seine Moral, nicht seine Vernunft, sondern die Situation. Das nenne ich Moral Engineering.

## Moral Engineering

Damit keine Missverständnisse entstehen: Auch ich wünsche mir, dass Menschen kraft eigener Erkenntnis und aus innerem Antrieb heraus ethisch handeln. Weil eine Gesellschaft ohne Moral auf dem absteigenden Ast ist. Weil es gut ist, ein guter Mensch zu sein. Aber angesichts dessen, dass schon die frühesten schriftlichen Zeugnisse menschlicher Geschichte diesen Wunsch ausdrücken und er sich bis heute nicht wirklich erfüllt hat, plädiere ich in der Zwischenzeit für den Moral Nudge: Macht es uns um Himmels willen doch nicht so moralinsauer schwer!

Macht es uns so einfach wie möglich, moralisch zu handeln! Gebt uns den Stups! Ihr wollt/könnt nicht? Dann stupsen wir uns selbst! Ist es ein Unterschied, ob ich mich selbst stupse oder gestupst werde? Gewiss. Ich würde diesen Unterschied für den Augenblick gerne so stehenlassen, damit wir uns auf die Gemeinsamkeit konzentrieren können: Für den Augenblick ist es mir egal, woher der Stups kommt. Hauptsache, er macht es mir einfacher, mich moralisch zu verhalten.

Ich ärgere mich zum Beispiel noch heute darüber, dass nicht ich darauf gekommen bin, sondern eine Bekannte. Sie löste mein leidiges Honig-Problem elefantenmäßig wie folgt:

Sie: »Wir streichen jetzt auch fairen Honig aufs Brötchen.«

Ich: »Du machst extra den Umweg zum Weltladen?«

Sie: »Nö, das macht meine Putzfrau. Die wohnt um die Ecke vom Laden.«

Einfache Lösung, perfekte Lösung: Nicht meine Bekannte änderte sich. Sie änderte vielmehr die Situation.

Amerikanische Fundraising Dinners sind ein gutes Beispiel für Moral Convenience. Versucht man, Menschen für einen guten Zweck mit allerlei Appellen (an den Reiter!) zu Spenden zu bewegen, kommt sehr viel weniger zusammen, als wenn man sie für 500 bis 2000 Dollar je Gedeck Hühnchen mit Kartoffelbrei futtern lässt: Wenn mein Kumpel, der Rechtsanwalt, zu dem noblen Dinner geht, kann ich mich als Steuerberater nicht lumpen lassen! Perfekte Stupser: Status, Herdentrieb, Erwartungsdruck durch Kollegen, Freunde, Nachbarn, sozialer Neid, soziale Anerkennung. Wenn mein Elefant sozialen Neid empfindet, fällt es mir leichter, moralisch zu handeln. Hat Moral solche billigen Tricks nötig? Andere Frage: Wo gerät sie ohne diese hin?

Schön wäre, wenn es eine Datenbank mit den »Tausend besten Moral Nudges« gäbe – aufgeteilt nach Anwendungsbereichen wie Haushalt, Familie, Management, Politik, Gesundheit, Erziehung, Lieferketten, Globalisierung ... Für viele Anlässe und Bereiche liegen solche Anstöße bereits unsystematisch vor – wir haben sie lediglich nie als solche wahrgenommen, systematisch erfasst und ihre Anwendung in Curricula und Trainings aufgenommen. Warum nicht?

Ich vermute, weil unser Reiter schmollt: Wer zum Nudge greift, gesteht implizit ein, dass Verstand und Einsicht versagen können. Und das kommt bei vielen, die Vernunft für die herausragende menschliche Tugend halten und sich ungeheuer was auf ihren Reiter einbilden, schlecht an. Sie wiegen sich lieber in der Vernunftillusion und leiden unter Unmoral, als sich und anderen einen Stups zu geben. Das ist schade. Dabei entgeht einem vieles, zum Beispiel eine halbe Million Dollar.

## Die Moral der Unmoralischen

Da gibt es zehn Millionäre, die jedes Jahr eine Regatta mit millionenschweren Yachten veranstalten. Viele Zeugen dieser Veranstaltung empören sich im Internet: So eine unmoralische Geldverschwendung! Preisgeld: eine halbe Million Dollar. Noch unmoralischer! Moment!

Das Preisgeld spenden die Millionäre jedes Jahr wohltätigen Zwecken. Die Öffentlichkeit der Regatta ist praktisch der Nudge. Würde die Regatta nicht statusgerecht stupsen, würden die wohltätigen Zwecke auf diese halbe Million verzichten müssen ...

Man kann überall und jeden stupsen. Der CPO, also der Chefeinkäufer eines Großunternehmens, stellte irgendwann fest: Trotz großspuriger Ankündigung im Bericht zur Corporate Social Responsibility drückten seine Einkäufer die Lieferanten in den Schwellenländern weiter bis zum Blutsturz – jedenfalls eher, als ihre Boni zu riskieren. Also baute der CPO ins Bonussystem, das bislang ausschließlich Kostenersparnis belohnte, einen Nachhaltigkeits-Nudge ein: 10 Prozent der Ziel- und Leistungsboni können nur noch kassiert werden, wenn die Einkäufer zweimal im Jahr in ein Schwellenland fliegen und sich einen Eindruck vor Ort verschaffen. Der CPO: »Wer das Elend mit eigenen Augen sieht, tut sich schwerer damit, die Lieferanten zu drangsalieren.« Nur ein kleiner Anstoß – aber 60 Prozent der Elefanten in seiner Abteilung lassen sich davon bewegen.

Ein Kollege, der sich wie ich über unsere anhaltende moralische Schwerfälligkeit aufregt, benutzt einen Moral Nudge, den er aus der Verhaltensökonomie kennt; die sogenannte »innere Buchhaltung«. Er sagt: »Meine Frau und ich haben uns seit Jahren vorgenommen, nachhaltiger einzukaufen. Aber irgendwie kamen wir nie dazu. Wir hatten weder die Zeit, geeignete Produkte auszusuchen, noch große Lust, beim Einkauf Umwege zu fahren.« Das sagt der Reiter: Sein ruheloser Verstand pseudo-rationalisiert die schlichte Trägheit des Elefanten.

Dann ließ der Kollege seinen inneren Buchhalter einen neuen Grundsatz ordnungsgemäßer Buchhaltung aufstellen: »Jeden Monat geben wir 100 Euro nachhaltig aus – ohne Übertrag! Am Ultimo muss das Geld ausgegeben sein!« In acht von zwölf Monaten schaffen er oder

seine Frau das. In den anderen vier nehmen sie die Kinder in einer Art
»Notkonsum-Aktion« in den Weltladen oder auf Websites von fairen
Anbietern mit: »Die Kinder finden immer was zu kaufen! Und haben
dabei einen Riesenspaß!« Spaß und Moral? Bahnbrechend. 100 Euro
pro Monat für nachhaltigen Konsum sind ein Tropfen auf den heißen
Stein? Ja, natürlich. Vor allem, wenn man das kombinierte Haushalts-
einkommen des Kollegen betrachtet. Aber die Ausgabensumme beschädigt nicht das Budget-Prinzip mit Nudge-Charakter: Inzwischen
haben auch einige Unternehmen damit begonnen, fixe Budgets für
faire Beschaffung festzulegen.

## Moral Nudges

Ein anderer Einkaufsleiter stellte fest, dass trotz Vorstandsbeschluss
und ständiger Aufforderung (an die Reiter!) die Reisebuchungen bei
nachhaltigen Reiseveranstaltern auf geringem Niveau verharrten.
Er fragte die geschäftsreisenden Manager, warum. Die sagten: »Das
Formular! Es ist viel komplizierter als das für Luftverpester-Reisen!«
Nachdem das Formular (für den faulen Elefanten) drastisch verein-
facht wurde, verdoppelten sich die Buchungen praktisch über Nacht.
Die Manager wurden nicht »nachhaltiger« oder »moralischer«. Der
Einkaufsleiter machte es den Elefanten lediglich einfacher. Das soll
ein Nudge, soll Manipulation sein? Das ist gesunder Menschenver-
stand: Einfach schlägt kompliziert. Wer Moral zu kompliziert macht,
wird mit Unmoral bestraft.

Da Führungskräfte ungeheuer anpassungsfähig sind, lernen einige
verblüffend schnell die hohe Kunst des Nudgens. Manchmal über-
raschen sie mich mit der Kreativität ihrer Interventionen. Eine Verkaufsleiterin zum Beispiel fand den Gedanken der »Incentivierung der Moral«
so prickelnd, dass sie extrem wurde. Sie gab für ihre seit Monaten unter
dem Druck der Umsatzziele verrohte Meeting-Kultur als neue Sitzungs-
regel aus: »Jeder darf weiterhin jeden persönlich angreifen, beleidigen
und verletzen – aber erst, nachdem er zehn Liegestütze gemacht hat.«
Das war unzumutbar! Das war absurd.

Noch absurder war, dass daraufhin die Zahl der Verbalübergriffe drastisch sank und jene Kollegen, die muskelprotzend tatsächlich die Gymnastik auf sich nahmen, bei ihren Verbalinjurien hysterische Lachorgien auslösten – weil ein durch atemloses Japsen unterbrochener Verbalangriff eher Anlass zur Heiterkeit als zu Betroffenheit und Eskalation gibt. Umgekehrt: Funktioniert der Nudge, dann pfeifen Sie bitte Ihren Reiter zurück, der lamentiert:»Ist das trivial! So ein blöder Stups!«

## Schützt die Täter vor den Opfern!

Die erwähnten Liegestütze hatten ein Nachspiel. Ein Manager meckerte:»So kann man nicht mit erwachsenen Leuten umspringen! So lasse ich mich nicht behandeln!« Bezeichnenderweise war er einer, der mit am heftigsten zur verletzenden Sitzungskultur beigetragen hatte. Ein Täter tut so, als ob er das Opfer wäre?

In Extremform hörte ich diese paradoxe Umkehrung einmal in einem Supermarkt von einem sich streitenden Ehepaar. Er sagte:»Ich soll 50 Cent mehr aufs Kilo bezahlen – bloß weil die Bananenbauern da unten ihre Arbeitsprozesse so schlecht managen, dass sie keine sozial- und umweltverträglichen Produkte zu vernünftigen Preisen hinkriegen? Ich bezahle doch nicht für deren Inkompetenz!« Ich war verblüfft: Der begüterte Konsument konkurriert mit den geschundenen Plantagenarbeitern um die Opferrolle?

Ein Verkehrsrichter erzählte mir einmal:»Sie würden sich wundern, wenn Sie wüssten, wie viele wegen fahrlässiger Körperverletzung angeklagten Täter sich damit verteidigen, dass eigentlich sie das Opfer seien, weil der Passant ihnen ›direkt vor den Wagen gelaufen‹ sei – in einer verkehrsberuhigten Schritttempo-Zone, wohlgemerkt, in der das Auto mit 50 Sachen unterwegs war.«

Sich darüber zu beschweren, dass man wegen des mexikanischen Bauers»genötigt« werde, fair zu kaufen, ist ein Versuch, das Opfer zum Täter zu machen: Der Bauer nagt mit seinen drei Kindern am Hungertuch, es regnet zum Dach rein und die Bank droht ihm mit Kündigung der Hypothek – und der reiche Konsument beschwert sich darüber, dass er genudget wird, ihm etwas von seinem Wohlstand abzugeben? Im Übrigen: Ein Deutscher gibt im Schnitt den fantastischen Betrag von 1,72 Euro im Jahr für Produkte mit Fairtrade-Siegel aus, wie die *WirtschaftsWoche* (2014) meldet. Die Schweizer geben 21,06 Euro aus, die Briten 11,57 Euro und die Österreicher 6,36 Euro.

Sich bei solch lächerlichen Beträgen über einen Nudge zu beschweren und ihn zur Abschaffung jeglicher persönlicher Entscheidungsfreiheit hochzustilisieren, ist an Absurdität nicht zu überbieten – aber typisch Reiter. Interessant, zu sehen, was passiert, wenn das Moralmonster ein paar Mal genudget wurde.

## Das Moralmonster ist ein Gewohnheitstier

Ein Abteilungsleiter »zwingt« seine fitnessbesessenen Mechaniker, die sich tagsüber von Bergen aus Obst, Müsli und Proteinriegeln ernähren: »Ich bezahle euren täglichen Obstkorb aus meinem Budget – wenn ihr nicht weiter die billigen Discounter-Bananen kauft, bei denen die Böden in den Plantagen verseucht und die Arbeiter mit Pestiziden vergiftet werden. Ab sofort nur noch Bananen mit Nachhaltigkeitssiegel.« Postwendend hagelt es Proteste.

»Jetzt will der Chef uns schon vorschreiben, was wir essen sollen! Unverschämtheit!« Die ersten drei Wochen moserten einige seiner Leute übel. Als ich ihn nach einiger Zeit bedauerte, sagte er: »Kein Problem mehr. Die Leute haben sich nicht nur daran gewöhnt – die ziehen jetzt erbarmungslos über Nachbarabteilungen her, die noch ›unmoralisch futtern‹.« Wie kann das sein?

Möglicherweise müssen wir uns komplett von einer vernunftbegründeten Moral verabschieden. Der gemeine Sklavenhalter ist in vielen Belangen kein vernünftiges Wesen, er ist ein Gewohnheitstier: Lass ihn nur lange genug das Richtige tun, das er eben noch mit Zähnen und Klauen bekämpft hat – und er verteidigt es nach einigen Wochen ebenso vehement, wie er es vorher verteufelt hat. Das ist kein Kalenderspruch, das ist Stand der Wissenschaft:

»Wie die umfangreiche Forschung zur Verhaltensauslösung
gezeigt hat, geht es beim Versuch, sein eigenes Verhalten zu
verändern, nicht darum, klüger oder disziplinierter zu sein oder
das ›Problem‹ besser zu verstehen. Die Antwort ist einfacher:
Machen Sie etwas Neues! Die Lösung besteht darin, nach und
nach neue Gewohnheiten und Muster im Alltagsleben einzuführen,
die Sie sanft in die gewünschte Richtung bewegen.«

*Dr. Freddy Jackson Brown, Autor von*
*Get the Life You Want (Übersetzung der Autorin)*

Nach Dr. Brown handelt der Mensch nicht dadurch moralischer, dass
er klüger oder disziplinierter wird. Er ändert sich sehr viel schneller,
wenn er eben nicht nachdenkt, räsoniert und moralisiert – sondern
erst mal macht. Der Volksmund hat Recht: Probieren geht über
Studieren. Der Reiter könnte schließlich endlos nachdenken, ana-
lysieren und planen – und tut es leider oft genug. William James sagte
schon im 19. Jahrhundert:

»Wenn Sie gerne eine bestimmte Fähigkeit hätten,
handeln Sie einfach so, als ob Sie bereits über sie verfügten.«

*William James*

Das klingt trivial, stellt aber Moralerziehung, Kommunikation und
Change Management auf den Kopf.

## Moral als ob

Bislang lautete das universelle didaktische Paradigma: »Ändere
deine Einstellung, und dein Handeln wird moralisch.« William
James erkannte schon vor über hundert Jahren nicht nur, dass Veränderung dank Einsicht sich nur äußerst langsam einstellt, wenn
überhaupt. Er erkannte auch, was besser funktioniert. Nämlich
das Gegenteil: Handle eine Weile vielleicht auch mit zusammen-
gebissenen Zähnen so, als ob du vernünftig oder intelligent, mora-

lisch, gesundheitsbewusst, liebevoll, beziehungskompetent oder gut artikuliert wärst – und wenn du das nur lange und/oder intensiv genug *machst*, wirst du es tatsächlich *werden*! Oder noch kürzer: Nicht das Bewusstsein bestimmt das Sein. Das Sein bestimmt das Bewusstsein.

Wenn ich nur lange genug, auch gegen meine langjährige Gewohnheit, einfach so tue, als ob ich moralisch wäre, also den Elefanten einfach mal moralisch handeln lasse, werde ich es tatsächlich werden. Mein Tun verändert mein Bewusstsein. Im Schlechten funktioniert das bereits glänzend: Lass einen Azubi seinen Dreck wochenlang auf dem ganzen Boden verteilen – und er zeigt dem Meister den Vogel, wenn dieser nun plötzlich verlangt, dass er die Werkstatt besenrein macht. Drückt man ihm aber schon am ersten Tag der Ausbildung den Besen in die Hand, mosert er zwar anfangs vielleicht noch, beteiligt sich dann aber recht bald am täglichen Reinemachen ganz selbstverständlich wie alle anderen Mitarbeiter auch.

Dass wir uns oft so erbarmungslos unmoralisch verhalten, liegt nicht an einem moralischen Dachschaden. Es liegt schlicht an mangelnder Übung. Noch einfacher: Kauf vier Wochen lang die richtigen Bananen – und schon bist du ein wenig moralischer. Und je mehr dieser Moralhandlungen wir zustande bringen, desto schneller wächst unser ethisches Bewusstsein – wie könnte es auch anders. Welche Moraltaten wollen Sie heute begehen? Begehen Sie sie und beobachten Sie, wie die Tat zur Mutter der Moral wird.

Steigen wir von unserem hohen Ross der Moraldiskussion herab: Es gibt im Grunde keine Moral. Es gibt nur Gewohnheiten. Welche wir ausüben, hängt von der Richtung der Nudges ab.

Managen Sie noch oder nudgen Sie schon?


## Die Moral der Stärke

An dieser Stelle der Argumentation – es muss bei einem Vortrag oder bei einer Fachtagung gewesen sein – fuhr mir eine Bereichsleiterin in die Parade:

»Das ist doch Quatsch! Ich soll meine Manager nudgen, damit sie sich moralisch verhalten? Das funktioniert bei denen nicht!«

»Hm, ja, warum denn nicht?«

»Die lehnen Moral kategorisch ab!«

Ich war verblüfft.

Nach dem offiziellen Teil der Veranstaltung erzählte sie mir die Geschichte von Steven.

Steven ist Feuerlöscher. Wann immer eine der sieben Ländergesellschaften auf dem afrikanischen Kontinent in Schwierigkeiten steckt, wird er als Troubleshooter entsandt. Und immer schafft er es, das Feuer zu löschen, die Wogen zu glätten und eine gedeihliche Übereinkunft zum Nutzen aller Beteiligten zu finden. Wie lautet deshalb sein Ehrentitel unter den Kollegen? »Weichei«. Ohne Witz. Schockierend. Wortlaut. Warum?

Weil er so verhandelt, wie es jeder MBA-Kurs verlangt und wie es das Harvard-Prinzip fordert: Hart in der Sache und respektvoll zur Person. Steven behandelt jeden Verhandlungspartner mit vorzüglicher Hochachtung, rastet nie aus, wird nie grob oder drohend – deshalb ist er so erfolgreich. Er ist der Henry Kissinger der Business-Verhandlung – und wird beschimpft. Warum?

Eine US-Kollegin formuliert das so: »They take kindness for weakness.« Stevens Kollegen verwechseln Freundlichkeit mit Schwäche, Moral mit einem Verrat der Managementlehre; einer Lehre der unerbittlichen Härte und Stärke. Wobei die Bereichsleiterin falsch lag.

Ihre Führungskräfte lehnen Moral nicht kategorisch ab. Im Gegenteil. Sie sind glühende, geradezu fanatische Anhänger einer Moral der im wortwörtlichen Sinne gnadenlosen, erbarmungslosen, mitleidlosen Stärke. Das ist übrigens einer der Gründe – nicht die fehlenden Kinderhortplätze –, warum es nur wenige Frauen auf der Teppichetage gibt. Viele Frauen stößt so eine Moral ab. Viele Männer nicht. Warum nicht? Was stimmt mit denen nicht?

## Anstand ist Schwäche

Warum halten so viele Führungskräfte und auch Politiker, Ausbilder oder Ehepartner »edle Tugenden« wie Freundlichkeit, Respekt und Moral für Schwäche?

Viele Menschen im Management, Männer wie Frauen, die es bis »ganz nach oben« geschafft haben, haben es geschafft, weil sie hoch kompetitiv sind – sonst würde man es nie so weit bringen. Sie sind Hochleister, Wettkämpfer, Leistungsträger und Übererfüller. Sie wollen gewinnen. Je öfter und heftiger, umso besser. Siegeswille ist eine schöne Tugend – es gibt keine Goldmedaille ohne diesen Willen. Wie immer macht die Dosis das Gift: Man kann auch zu oft siegen. Vor allem ist die Versuchung groß, den Sieg mit dem Sieger zu verwechseln.

Manche Menschen werden so süchtig nach Erfolg, dass sie sich vollständig damit identifizieren: Die Identifikation mit dem Sieg ersetzt eine eigenständige, autonome Identität.

Wenn Siegen alles ist – was sind dann Freundlichkeit, Hilfsbereitschaft, Respekt und Moral? Nichts. Weniger als nichts: Das alles hält doch bloß vom Siegen ab! Ethische Tugenden, die Grundpfeiler jeder Kultur jedes Landes der Welt, werden deshalb nicht nur als unnötig betrachtet, sondern – man glaubt es kaum – als Schwäche, als Charaktermangel, als Verrat an der moralischen Überlegenheit der Stärke. Sie werden selten einen betroffenen Manager erleben, der das offen artikuliert. Das erlebt man aber umso deutlicher, wenn über Dritte gesprochen wird: »Schau mal, wie der Müller dem Kunden Honig ums Maul schmiert – so ein Weichei. Der muss ihn bloß mal hart rannehmen, dann spurt der Bursche!«

Alles, was nach Schwäche riecht, ist dem getriebenen – im Unterschied zum reflektierten – Hochleistenden nicht nur suspekt, sondern bedeutet für ihn Versagen. Warum empfindet er das so? Weil er sich vor jedem Gefühl fürchtet, das ihn an die eigene verdrängte Hilflosigkeit erinnert, die er nicht aushalten, ja nicht einmal reflektieren mag, weil er früh gelernt hat: Wer sich hilflos fühlt, geht unter. Also bekämpft er jede Form von Hilflosigkeit oder »Schwäche« bei anderen, um nicht mit der eigenen, dissoziierten (abgespaltenen) Schwäche konfrontiert zu werden.

Natürlich ist diese heftige Abneigung eine Überkompensation von Kindheitstraumata – aber das ist Psychologie. Wir sind beim Thema Moral: Solange Moral manchen Menschen als identitätsbedrohende Schwäche gilt, werden sie nach außen den Prospekt des Unternehmens zur Corporate Social Responsibility preisen, aber bei der nächsten Verhandlung jedweden Verhandlungspartner wieder über den Tisch ziehen. Da helfen weder Appelle noch Ermahnungen: Man kann von keinem Manager erwarten, dass er sich ethisch verhält, wenn das – aus seiner Sicht – seine Identität bedroht. Das ist das Problem. Und die Lösung?

Man könnte versuchen, Führungskräfte mit unbewältigten Kindheitstraumata im Bewerbungsgespräch herauszufiltern – das ist unmöglich bis utopisch. Man könnte hoffen – wie es die Leitartikler notorisch tun – dass sich»die Kultur im Management« bald ändern möge. Leider erweist sich diese Hoffnung in der Regel als vergebens. Man könnte die Kultur eigenhändig ändern – Cultural Change? Wenn schon einfache Veränderungsprojekte gnadenlos scheitern ... Man könnte nudgen bis zur physischen Erschöpfung, Incentives und Boni stärker auf Moralverhalten ausrichten, den»Mitarbeiter des Monats« nicht dem Umsatz-, sondern dem Moralstärksten verleihen – es gibt wirklich vieles, was jemand tun könnte, dem die Moral im Management wichtig wäre. Das alles sind Optionen. Was wir dabei übersehen, ist die alle anderen überragende Option: Es gibt sie bereits! Die Manager mit einwandfreiem, herausragendem moralischen Verhalten. Männer und Frauen von bewundernswerter Integrität. Was haben diese, was der notorische Sklavenhalter nicht hat?

## Identität vs. Identifikation

Kurz vor der letzten Weltfinanzkrise traf ich einen Broker, der in einer After-Work-Bar im Bankenbezirk stillvergnügt sein Pils genoss. Wir kamen ins Gespräch. Er erklärte mir mit milder Missbilligung, dass viele seiner Kollegen in Subprime-Papiere investierten,»als würde morgen das Geld abgeschafft«. Er dagegen übte weitgehend Abstinenz:

»Das ist eine Blase. Wenn die platzt, verlieren die lieben Kollegen viel Geld.«

»Und vielleicht ihren Job!«

»Nö, den verliere ich.«

»Was? Aber Sie machen doch alles richtig!«

»Eben. In meinem Job gilt: Wenn du Karriere machen willst, dann irre lieber mit der Meute, als solo Recht zu haben.«

»Das ist verrückt!«

»Nö, das ist Management.«

»Wenn das so ist, warum tun Sie dann das Gegenteil?«

»Weil es das Richtige ist.«

Ich weiß nicht, ob dieser moralische Abweichler, dieser Ethik-Dissident, dieser Moral Maverick vier Monate später auch seinen Job verlor, als die Bombe platzte, Lehman Konkurs anmeldete und die Steuerzahler Milliarden dransetzen mussten. Aber irgendwie mache ich mir um ihn keine Sorgen. Er hat etwas, das mehr wert ist als alles Gold in Fort Knox: ethische Integrität. Er ist kein Trabant, der um ein Gestirn kreist – er ruht in sich. Auch wenn er verliert. Gerade dann, wenn er verliert. Die großen Philosophen wussten das, zum Beispiel Lukan:

»Victrix causa diis placuit, sed victa Catoni.«

*aus: Pharsalia*

Die siegreiche Sache gefiel den Göttern (der unerbittlichen, pathologischen Stärke), doch die besiegte Sache gefiel dem weisen Gelehrten Cato – weil er es nicht nötig hatte, sich nach »den Göttern« zu richten: Er folgt seinen eigenen moralischen Grundsätzen. Unerschütterlich, authentisch, selbstbewusst bis ins Mark. Klingt bockstark nach bombenfestem Ego? Bruce Willis in »Stirb langsam« ist gegen ihn ein weinerliches Weichei. Wie kommt man zu so einer unerschütterlichen Identität? Eben damit: mit einer Identität. Ein Konstrukt, dessen die meisten Menschen heutzutage verlustig zu gehen scheinen.

Identifizieren Sie sich noch, oder haben Sie schon eine Identität? Womit identifizieren Sie sich (unbewusst)? Viele verwechseln Identifikation mit Identität: Sie identifizieren sich mit Leistung, Erfolg, Status, Position, einem vorzeigbaren Beziehungspartner, schulisch unauffälligen Kindern, dem neuesten Smartphone, Prestigekonsum oder sozialer Anerkennung. Das sind alles wunderbare Dinge und die Grundpfeiler des Fortschritts – aber kein Ersatz für ein autonomes Selbst. »Sie haben gut reden!«, höre ich oft. »Was sage ich meiner Familie, wenn ich im Job das moralisch Richtige tue – und deswegen gefeuert werde?« Das ist kein Einwand – das ist lediglich ein weiteres Symptom – der größten Tugend unserer Tage.

## Wir Angepassten

Anpassung, nicht Moral, ist die vorherrschende Tugend unserer Zeit. Wer jemals eine Schule besucht hat, weiß, woher das kommt – kein Vorwurf, ich bin selber Lehrerin. Den Angepassten treibt die Frage um: Was sage ich meiner Familie oder der Bank, wenn ich das Richtige tue, aber den Job verliere, also »unangepasst« werde? Was mache ich, wenn ich das Richtige tue, dies aber meinen Kollegen oder den Kunden, dem Chef, der öffentlichen Meinung, dem Hund des Nachbarn missfällt, weil es unangepasst ist? Anpassung oder Authentizität: Was darf's sein?

Wenn ich angepasst bin, verhalte ich mich im Normal- und Zweifelsfall angepasst, nicht moralisch. Angepasst an die Gegenmoral unserer Zeit: Haste was, dann biste was. Nur wer bei der Herde bleibt, wird von der Herde anerkannt. Selbst wenn sie Milliarden Euro jährlich vernichtet und ganze Länder in den Ruin treibt: Bleib bei der Herde! Das ist der Imperativ der Angepassten. Der erwähnte Broker hat diese Identifikation nicht nötig. Er weiß: Nur wer seinen eigenen Werten treu bleibt, findet in sich selber Halt, muss sein Mäntelchen nicht nach dem Wind hängen.

Tatsächlich kenne ich einen Ingenieur, der kurz nach Hausbau und zweitem Kind exakt in diese Situation geriet: Er hatte Monate zuvor bei einem Unternehmen angeheuert, das sich mehr und mehr als übler Sklavenhalter herausstellte. Sein Geschäftsführer zwang die Verkaufsingenieure zum Beispiel, den Kunden »Zeugs für teures Geld aufzuschwatzen, das die nie im Leben brauchen«. Der Ingenieur kündigte – aus ganz eindeutig ethischen Gründen. Der Haken daran: ohne einen neuen Job in Aussicht zu haben.

Seine Frau war schockiert. Die Bank sagte: »Neues Haus, zweites Kind ist unterwegs – und Sie kündigen? Sind Sie verrückt geworden?« Er erwiderte: »Nö. Aber was bin ich meinen Kindern für ein Vater und was bin ich Ihnen für ein Kunde, wenn ich mich an Lug und Trug beteilige? Müssen Sie dann nicht erwarten, dass ich irgendwann auch Sie belüge? Sie können mir die Hypothek kündigen – das ist bloß Geld. Ich lasse mir meine persönliche Integrität nicht abkaufen. Und einen neuen Job finde ich allemal.«

Der zuständige Kreditsachbearbeiter erzählte hinterher: »Die Sache kam vor den Kreditausschuss. Da sitzen fünf harte Hunde drin. Und keiner schlug auch nur vor, dem Kunden den Kredit zu kündigen.« Warum nicht? Die Bankvorständin sagt: »Kreditrisiken reden anders. Wer so redet, bezahlt seine Schulden.« Moralische Integrität macht sich bezahlt – aber eben »nur« langfristig. Kurzfristig muss man mit Ärger bei der Arbeit, mit Missbilligung der Kollegen, Spott, Jobverlust und Kreditkündigung rechnen. Der Witz daran: Einen moralisch integren Menschen, dessen Selbstwertgefühl nicht darauf basiert, über wie viele Stöckchen er heute schon hechelnd gesprungen ist und wie viele Kollegen und Vorgesetzte ihm dafür applaudiert haben, ficht das nicht an. Er muss sich nicht anpassen. Er bleibt sich selber treu, weil er sich nicht mit dem Applaus anderer identifizieren muss: Seine Identität beruht nicht auf Internalisierung fremder Werte und Anerkennung anderer Leute, sondern auf seinen eigenen, über die Jahre herausgearbeiteten Werten.

Hier rächt sich, dass Schulen und Wirtschaft die letzten Jahrzehnte so heftig in Management Development, Fach-, Methodenkompetenz und Personalentwicklung investiert haben: die *Persönlichkeits*entwicklung bleibt seit frühesten Jahren notorisch auf der Strecke. Schlimmer: Wir erziehen so unbewusst und unabsichtlich wie leider auch systematisch und wirksam Kinder und Erwachsene zur Anpassung. Zur Anpassung an die Identifikation mit Status, externer Anerkennung und Erfolg. »Entwicklung einer eigenständigen Persönlichkeit« wie es in exotischen Bildungsberichten manchmal heißt? Fehlanzeige. Damit ist die Gleichung der Unmoral aufgestellt:

Keine eigene Identität = keine Moral.

Wer keine eigene Identität entwickelt hat, braucht den Nudge, den situativen sanften Hinweis auf angebrachtes Moralverhalten.

## Der Verlust des Mitgefühls

Wir reden seit vielen Seiten von Moral – eigentlich trifft das die Sache nicht ganz. Wenn ich zum Beispiel zu den Bananen für 1,19 Euro das Kilo greife, die fairen Bananen für 1,69 Euro links liegen lasse und dabei größtenteils unbewusst verdränge, dass ich mit dieser Konsumentscheidung einen armen Plantagensklaven zu einem weiteren Tag in Sklaverei verurteile – dann muss man schon arg abstrakt denken, um das noch unter dem Etikett »Moral« abhandeln zu können. In schlichten, ehrlichen Worten ist das ganz einfach ein erstaunlicher Verlust an Mitgefühl.

Zu solchen Handlungen treibt uns ebenjene Kultur der Stärke via Identifikation, die wir eben betrachtet haben. Ein wirklich Starker kann und wird jederzeit einem Schwachen helfen – weil er stark ist und jede Hilfe für einen anderen seine innere, empfundene Stärke mehrt. Das ist übrigens der Lohn einer tätigen Moral, der von innen kommt. Ein Mensch dagegen, der sich in tiefstem Herzen schwach fühlt und sich deshalb aus innerem Zwang heraus mit einer erbarmungslosen Kultur der Stärke identifizieren *muss*, wird sich durch die Schwäche der Schwachen an seine eigene Schwäche erinnert und deshalb bedroht fühlen, weil diese Erinnerung seine Verdrängung gefährdet. Aus diesem Grund hilft er den Schwachen nicht nur nicht, er beutet sie aus und macht sich über sie lustig, um seine Identifikation mit der Stärke so zu verfestigen, bis es endlich »genug« ist.

Da Identifikation mit von außen kommenden Idealen jedoch nie »genug« ist, weil sie eben keine eigenständige Identität von innen heraus ersetzen kann, nimmt die Erbarmungslosigkeit kein Ende. So haben wir nicht unsere Unschuld, aber unser Mitgefühl verloren. Wer einer aufgesetzten Kultur der Stärke huldigt, kann und wird zwar, manchmal sogar großzügig, sein Geld den Armen spenden – aber nicht sein Mitgefühl. Das hat er für sich und für andere längst verloren. Das ist der Preis der Überidentifikation mit einer Kultur der angeblichen Stärke. Arno Gruen schrieb sein ganzes Leben lang mit einer titanenhaften Erbitterung dagegen an: Lesetipp.

Kurz und gut: Uns fehlt es zwar symptomatisch auch an Moral. Aber ursächlich an Mitgefühl. Wir sind ganz schön verroht. Gibt es Hoffnung?

## Moral und Charakter

Ein Mensch, der sich selbst als schwach empfindet, diese Schwäche aber (unbewusst) verdrängt, kann sich Mitgefühl mit sich selbst und anderen nicht leisten. Er wird darauf bedacht sein, stets Stärke und Unnachgiebigkeit zu demonstrieren, was auf Moral gründendes mitfühlendes Handeln nicht zulässt. Damit scheitert auch die Prüfung, die Kant in seinem kategorischen Imperativ einfordert. Denn ein solches Handeln kann nicht die Grundlage für eine erstrebenswerte universelle Handlungsnorm sein. Schließlich wäre die Konsequenz, dass man auch selbst kein Mitgefühl von anderen erwarten könnte. Wer wünscht sich denn so eine Konsequenz? Allein die Prüfung, ob das eigene Tun dem entspricht, was man sich vom Tun anderer erhofft, wird dadurch zur Belastung oder gar zur Bedrohung. Moral als Bedrohung? Au weia.

Aber gleichzeitig: eine Lösung. Ein starker, in sich ruhender, weitgehend selbstständig denkender Mensch wird sich automatisch, aus dieser inneren Stärke heraus, so verhalten, dass er andere so wenig wie möglich schädigt. Nicht weil er so ein überragender Menschenfreund wäre, sondern weil geübte Stärke seine Stärke mehrt. Das ist ein alter Hut:

>Der Lohn der Tugend liegt im Bewusstsein der guten Tat selbst.«

*Cicero*

Oder wie der Löwe von Metro-Goldwyn-Mayer paradoxerweise brüllt: Ars gratia artis. Der Lohn der Kunst ist die Kunst – nicht der Beifall der Massen oder Millionenumsätze an der Kinokasse (die nehmen wir gerne mit). Aber dieses Prinzip gilt eben nur für den innerlich Starken. Dem innerlich Bibbernden ist Tugend nicht Lohn, sondern Last. Er spekuliert nicht auf Kunst und Moral, sondern auf soziale Anerkennung seiner Anpassung (und auf die Millionen an der Kinokasse).

Umgekehrt bedeutet das: In einer Gesellschaft von Individuen mit authentischem Selbstwert erübrigt sich jede Moraldiskussion. Gingen unsere Schulabgänger nicht nur mit einem Abschluss, sondern mit eigener, authentischer, nicht normierter Identität ab, wäre binnen Kurzem Schluss mit den vielen kleinen und großen Sauereien entlang globalen Wertschöpfungsketten – einfach weil die Leute dabei nicht mehr mitmachen würden. Sie hätten es nicht mehr nötig, damit ihr Ego zu polstern. Sie würden nicht mehr für gutes Geld ihre Seele verkaufen – weil sie dann endlich ihre eigene Identität entdeckt hätten, die ihnen sagt: Es gibt Wichtigeres als einen fetten Zahltag und den Applaus meiner Peergroup. Und ich glaube nicht, dass das lediglich eine utopische Erwartung an unser Bildungssystem, an Gesellschaft, Hochschulen und Medien ist. Ich glaube an die wirksame Kraft der »Bright Spots«.

## Bright Spots

Veränderung geht selten von der Masse aus. Das System mag korrupt sein, doch selbst im korruptesten System gibt es Inseln des Ideals, helle Stellen. Das internationale Transformationsmanagement nennt sie Bright Spots.

Der oberste Anlagenbauer eines Industrieunternehmens zum Beispiel erzählte mir: »Ich habe einen Ingenieur, der sich dagegen wehrt, Kunden überdimensionierte Kapazitäten aufzudrängen. Er beschwerte sich bei mir. Ich sagte ihm, dass auch ich der Sklave meiner Zielvorgaben sei. Danach sprach er mit unserem Nestor.« Der älteste Ingenieur in der Abteilung fragte ihn:

»Willst du denn deinen Kunden mehr aufdrängen, als sie brauchen?«
»Natürlich nicht!«
»Dann mach's auch nicht.«
»Aber dann krieg ich Feuer von Kollegen und vom Chef!«
»Das stimmt. Ist es dir das wert?«
»Gutes Argument – ja, lieber deren Ablehnung riskieren als mit Lug und Trug mein Geld verdienen!«
»Dann tu's!«

Er tut's noch heute.

Er kriegt regelmäßig »Friendly Fire« ab – aber da er seine Zahlen weitgehend ehrlich, eben mit doppeltem Einsatz bringt, wagt es keiner, über eine abfällige Bemerkung hinauszugehen. Sein Chef sagt ihm öfter mal: »Ich kann nicht gutheißen, was Sie tun – aber Sie haben meinen Respekt.« Genau das ist es: Bestätigung. Würdigung eines sogenannten Bright Spots, einer löblichen Ausnahme.

Es gibt in jeder dunklen Wolke der Unmoral helle Stellen, Bright Spots, an denen das Licht durchbricht. Situationen, in denen ein nachhaltig moralisch Handelnder oder auch ein eher Gleichgültiger etwas durch und durch Moralisches tun. So entsteht ein Bright Spot. Wer klug ist und etwas für die Moral tun möchte, stürzt sich auf jeden einzelnen, selbst winzigen dieser Bright Spots wie ein Verdurstender auf ein Glas Limonade: mit allem, was an Kraft und Enthusiasmus (noch) da ist. Warum? Weil Bright Spots eine seltsame Eigenschaft haben: Aus einem anerkannten Bright Spot werden zwei. Wer einmal für einen Bright Spot gelobt wird, dessen Wiederholungsneigung steigt exponentiell. Wer für zwei Bright Spots anerkannt wird, der bildet eine Gewohnheit. Wenn Sie möchten, dürfen Sie diese Anerkennung »operante Konditionierung« nach B. F. Skinner nennen – und wir verbeugen uns alle in Ehrfurcht vor dem Urvater aller Nudges. Eine Supply Chain Managerin, die schwer unter den Ungerechtigkeiten entlang ihrer Wertschöpfungskette leidet, nennt es anders. Sie sagt: »Wir leben in einem schlimmen Wirtschaftssystem. Wenn dann einer meiner Mitarbeiter ausnahmsweise etwas Gutes, Moralisches tut, dann lobe ich ihn mit Gaspedal am Anschlag. Mein Motto: Erwisch die Leute, wenn sie Gutes tun!« Nur so kommt das Gute in die Welt.

Denn es gibt nur wenige Moralmonster und Sklavenhalter, die aus Überzeugung oder Gewissenlosigkeit ununterbrochen unmoralisch handeln. Selbst der schlimmste Moralsünder, der tagsüber Lieferanten in aller Herren Länder bis aufs Blut drangsaliert, kauft auch mal die richtigen Bananen oder spendet für ein Working-Poor-Projekt und setzt damit einen Bright Spot, eine Ausnahme von der Unmoral. Wenn er so etwas tatsächlich tut, braucht es kein auf moralisch getrimmtes Schulsystem und keine auf die Entwicklung eigenständiger Persönlichkeiten ausgerichtete Erziehung. Dann braucht es nur einen einzigen Menschen, der diese moralisch vorbildlichen Taten, diese Bright Spots als solche erkennt und im Sinne der Skinner'schen Verstärkung überbordend anerkennt: »Das ist toll, was du da machst! Mach es noch einmal! Mach es wieder!« Wir müssen noch nicht einmal warten, dass uns ein anderer dafür lobt. Wir können uns auch selbst Lob für unsere Bright Spots zollen und damit ihre Wiederholungswahrscheinlichkeit steigern.

Jetzt werden Sie zu Recht einwenden, dass es ein wenig naiv ist, den Umstand, dass ich heute im Büro zwei Lieferanten in den Ruin getrieben habe, mit dem Bright-Spot-Kauf einer Staude Fair-Trade-Bananen kompensieren zu wollen. Moderner Ablasshandel! Aber wenigstens zeigt dieser Kauf, wenn ich nicht aus Versehen zu den fairen Bananen gegriffen habe, dass ich mich bewusst mit der Moral hinter meinem Handeln auseinandersetze. Außerdem ist ein Bright Spot besser als keiner. Bright Spots als moralische Bewusstseinsschärfung – das ist zumindest ein Anfang.

Es wird behauptet – und vieles spricht dafür – dass das Böse sich unaufhaltsam verbreitet. Ich glaube – und alle persönliche Erfahrung spricht dafür –, das Gute auch. Deshalb muss man das Gute in Form von Bright Spots »erwischen«, mit vollem Körpereinsatz anerkennen und verstärken.

# 6 DAS GROSSE GLOBALISIERUNGSSPIEL: WIR GEWINNEN MIT GEZINKTEN KARTEN

Ganz zu Anfang (s. Kapitel 1) habe ich die Globalisierung als »das dümmste Spiel des Jahrhunderts« bezeichnet. Ich glaube kaum, dass Sie das ernst genommen haben: Das war erkennbar eine Metapher, eine Sprachfigur, eine Art der Formulierung. Das glaubte ich in Kapitel 1 auch. Inzwischen habe ich mit einem Kollegen gesprochen, der sich intensiver als ich mit den internationalen Handelsströmen auseinandersetzt; er ist Chefvolkswirt einer internationalen Bank. Wir sprachen über ein bestimmtes Land in Afrika und darüber, dass dieses Land soeben die Einfuhrbestimmungen für Lebensmittelimporte gelockert hat.

Ich: »Logisch, die Bevölkerung hungert. Das Land kann sich nicht selbst ernähren. Also muss man Nahrung importieren. Die Globalisierung muss jetzt die Versorgung der Bevölkerung übernehmen.«

Er: »Das denkst auch nur du – und die Landesregierung dort. Und unsere Medien. Und die Entwicklungsministerien.«

»Und du weißt es besser?«

»Ich kenne die Zahlen. Ich sehe, was dort passiert.«

»Und was passiert?«

»Immer dasselbe. Das Land öffnet der Globalisierung Tür und Tor. Deshalb wird es sich noch weniger ernähren können. Der Hunger wird zunehmen, nicht abnehmen. Die Globalisierung ist schlimmer als jede Hungersnot der letzten hundert Jahre.«

»Wieso das denn?«

»Weil unsere Konzerne sich nicht damit begnügen werden, den Hunger zu stillen. Die überrollen das Land. Wir können mit unserer industriellen Überproduktion inklusive Transport um die halbe Welt die Lebensmittel viel günstiger produzieren als die hungernden Länder mit ihrem Kleinbauern- und Farmsystem. Wir produzieren das Kilo Fleisch für einen Bruchteil von deren Kosten. Also killen wir mit unserem Preisdumping – natürlich völlig unabsichtlich – die lokalen Produktionsstrukturen. Die Bauern werden arbeitslos und hungern, die Regierung muss noch mehr importieren, noch mehr Bauern müssen aufgeben – und so weiter, bis ins Unendliche. Respektive: bis der Internationale Währungsfond die Kreditkanone abfeuert. Dann geht es erst richtig rund.«

»Und woher willst du das wissen? Das ist doch alles noch gar nicht passiert!«

»Doch. In Dutzenden anderen Ländern, die denselben Fehler begangen haben. Die denken, das ist Fußball – aber das ist wie Schach. Wenn du beim Schach den ersten Zug machst, dann sind fünf nachfolgende Züge bereits prädeterminiert. Die laufen ab wie ein Schweizer Uhrwerk.«

»Das ist deprimierend.«

»Frag mal meine Tochter.«

Wie sich herausstellte, hatte er sich nicht damit begnügt, mir zu verraten, dass meine Metapher keine Metapher war. Er bereitete auch seiner Tochter das Vergnügen.

Seither hängt der Haussegen schief.


## Spielbeginn

»Ich habe«, erzählte der Kollege, »meiner Tochter Internet und Jugend versaut.«

Die 15-Jährige hatte ein Online-Spiel gespielt, bei dem man ein virtuelles Land besiedelt, urbar macht, Getreide anbaut und Handel betreibt. Als der Papa beim Über-die-Schulter-Schauen die impliziten Prämissen des Spiels erkannte, musste er unwillkürlich lachen. Heute bereut er es, dass er sich das nicht lieber verkniffen hat.

Noch mehr reut ihn, dass er angesichts des »absurden Charakters des Spiels« seiner Tochter »die Augen öffnen« und sie dafür sensibilisieren wollte, »wie es wirklich aussieht in der Welt«.

Als Ausdruck dieser noblen didaktischen Absicht erzählte er ihr: »Ich kenne ebenfalls ein schönes Spiel. Es spielt auch in einem Land, nennen wir es Kenia. Vor 30 Jahren hatten die Spielerinnen und Spieler nicht viel, aber genug zu essen. Dann baute die Regierung, durchaus vernünftig, Straßen, Krankenhäuser, Schulen, kaufte Waffen für die Armee, verteilte großzügig Wahlgeschenke – wo sind die übrigens in deinem Spiel? – und machte für das alles einen Berg Schulden. Als die Regierung wegen dieser Schulden den Internationalen Währungsfonds – der fehlt in deinem Spiel ebenfalls – um Hilfe bat, sagte dieser: ›Ihr kriegt das Geld. Aber wenn ihr immer nur Hirse für den Eigenbedarf anbaut, könnt ihr den Kredit nie zurückzahlen. Ihr müsst im Gegenzug die Beihilfen für eure Bauern streichen, euren Agrarmarkt für andere Länder öffnen und Investoren reinlassen.‹ Kenia brauchte das Geld, also unterschrieb es.«

Der volkswirtschaftlich gebildete Papa fuhr fort: »Dank der Öffnung des Agrarmarktes kamen Investoren und errichteten riesige Rosenplantagen. Deshalb können wir Europäer heute mitten im Winter beim Discounter einen Rosenstrauß für dreiuffzig kaufen. Und während wir ihn kaufen, hungern die Kenianer, weil man Rosen nicht essen kann. Vor allem nicht, wenn man mit dem, was dabei hängen bleibt, Schulden zurückzahlen muss. Und weil den Bauern die Beihilfen gestrichen wurden, geben viele ihr Land auf, ziehen in die Slums der Städte – und hungern dort mit den Slumbewohnern. Das ist alles zum Verrücktwerden und eine Granatensauerei, aber der Killer-Clou kommt erst: Obwohl Kenia alle Spielregeln befolgte, konnte es seine Schulden nicht verringern. Sie haben sich inzwischen verdreifacht. Was hältst du von dem Spiel?«

»Das ist das dümmste Spiel, das ich kenne«, sagte seine Tochter. »Wenn so was im Internet wäre, würde so einen Schwachsinn kein vernünftiger Mensch spielen! Was ist das überhaupt für ein Spiel?«

»Das«, sagte der Chefvolkswirt, »ist im Unterschied zu deiner Online-Spielerei das Spiel des Lebens. Sein eingängiger Markenname ist dir sicher schon aufgefallen: Er ist so prägnant wie Monopoly. Es heißt ›Globalisierung‹. Kein virtuelles, sondern ein reales Spiel.«

## Kenia möchte mitspielen

Ich plädiere dafür, in jeder VWL-Vorlesung für Erstsemester die »Peanuts« zu behandeln. Ich erinnere mich an einen Cartoon, aus dem Gedächtnis zitiert:

Lucy: »Was ist der Sinn des Lebens?«

Charlie Brown: »Das Leben hat einen Sinn? Ich dachte immer, man erwartet von uns lediglich, dass wir uns an die Regeln halten.«

Das ist die Globalisierung nach Charles M. Schulz.

Das Unverzeihliche ist, dass wir das nicht bemerken – oder nicht wahrhaben wollen: Wir denken tatsächlich, wir leben. Dabei spielen wir bloß. Und während wir das Spiel im Sinne des Wortes besinnungslos spielen, ignorieren wir Charakter und Mechanik des Spiels. Am deutlichsten wird das, wenn die Leute toben.

Wenn ich Geschichten wie die von Kenia erzähle, wie wird reagiert? Die (ethisch noch nicht für die Welt verlorenen) Leute fangen, wie die Tochter des VWL-Kollegen, haltlos an zu schimpfen. Auf den IWF, die »bösen« Rosenfabrikanten, die »misswirtschaftende« Regierung. Auf wen haben *Sie* gerade innerlich geschimpft? Ist Ihr Zorn berechtigt?

Das sicher. Und ebenso sicher ist es das Ziel Ihres Zorns *nicht*: Was soll der IWF denn machen, wenn Kenia um Kredit bittet?

Er prüft den Kreditantrag nach den Regeln, die sich die 188 Mitgliedsländer – also nahezu alle Staaten dieser Welt – selbst gegeben haben. Und wenn das Land die Bestimmungen erfüllt, dann bekommt es einen Kredit. So sind die Regeln. Niemand – außer vielleicht eine desolate Wirtschaftslage – zwingt Kenia, beim IWF um Kredit zu bitten. Doch wenn das Land es tut, wird es Gegenstand eines Regelwerkes, dem es sich ungestraft nicht mehr entziehen kann. Beteiligen wir uns also an einem Spiel, so wird unsere Wahlfreiheit eingeschränkt, wir unterliegen gewissen Zwängen und werden im schlimmsten Fall von den anderen Spielern ausgenutzt. Wer einmal den Fußballplatz ohne Torwarthandschuhe betreten hat, darf den Ball nicht mehr werfen – sonst fliegt er vom Platz. So sind die Regeln. Etwas drastischer drückte es der erwähnte Chefvolkswirt aus.

Er sagte:»Weder Kenia noch der IWF wollten diese Katastrophe – Gott behüte! Aber mit dem ersten Spielzug war Kenia ruiniert.« Kenia ist kein Einzelfall.

Wenn binnen weniger Jahre Dutzende Länder nach exakt demselben Rezept ruiniert werden, stutzt selbst der gutmütigste Mensch und erkennt das fatale Muster, den Wahnsinn der Methode, das böse Spiel, das sich nach denselben Spielregeln immer und immer wieder wiederholt.

>»Das System steht über dem einzelnen Spieler.«
>
> *Philipp Lahm*

Aber wie kann das sein? IWF und Rosenfabrikanten sind schließlich nicht irgendwer, sondern Big Player! Ja, natürlich. Das ist doch gerade das genial Absurde an diesem Spiel, an jedem Spiel (das folgt aus der Definition eines Spiels): Selbst der Biggest Player kann die Spielregeln nicht ändern – er kann lediglich nach ihnen spielen. Selbst für den größten Spieler gilt: Das Spiel ist immer größer als der größte Spieler (sonst gäbe es kein Spiel, sondern Chaos). Selbst Messi muss sich an die Spielregeln halten (wenn er plötzlich den Ball wirft und nicht Rot sieht, spielt keiner mehr mit ihm). Welche Spielregeln sind das?

Beim Fußball kann Messi im Regelbuch nachschlagen. Beim Großen Spiel der Globalisierung nicht. Da gibt es kein Regelbuch. Die Spielregeln der Globalisierung sind geheim. Nicht, weil sie die NSA mit der höchsten Geheimhaltungsstufe klassifiziert hätte, sondern weil wir uns lieber zu Tode konsumieren, produzieren und beschaffen, bevor wir auch nur danach fragen, nach welchen Regeln wir eigentlich konsumieren, produzieren und beschaffen. Die Spielregeln der Globalisierung bleiben geheim, weil und solange wir nicht über sie nachdenken. Tun wir das, springen uns die Regeln praktisch an, so einleuchtend und augenfällig sind sie. Und absurd.

## Die Spielregeln der Globalisierung:

1. Das Spiel ist mächtiger als der Spieler.
2. Der Spieler darf seine Machtlosigkeit nicht erkennen.
3. Er erkennt seine Ohnmacht nicht, solange er glaubt, Gewinn aus dem Spiel schlagen zu können.
4. Leider ist das Spiel ein Nullsummenspiel: Mein Gewinn – dein Verlust.
5. Wer die Spielregeln infrage stellt, wird als verrückt, unrealistisch, »Kommunist« oder »Nationalist«, »kein guter Teamplayer«, »Nestbeschmutzer« oder als »Verhinderer des Fortschritts« stigmatisiert.
6. Einmal Verlierer – immer Verlierer.
7. Keine Verlierer – keine Gewinner (vgl. 4.).
8. Die einzige sinnvolle Möglichkeit, sich den Regeln zu entziehen, ist, gar nicht erst am Spiel teilzunehmen. Nicht an der Globalisierung teilzunehmen, dürfte für ein ganzes Land jedoch nahezu unmöglich sein.
9. Ein Spielabbruch ist in den Spielregeln nicht vorgesehen.
10. Spielverluste nehmen einen progressiven Verlauf (s. Kenia).
11. Je länger das Spiel dauert, desto größer wird die Abhängigkeit und damit umso geringer die eigene Handlungsfreiheit.
12. Um das Spiel zu spielen, darf man es nicht als solches erkennen.
13. Das Spiel endet nie.
14. Selbst Gewinner können zu Verlierern werden.

Ein perfekt konstruiertes Spiel. Besser als jedes Video- und Online-Spiel. Denn im Unterschied zu virtuellen Spielen denkt dieses reale Spiel mit: Es passt sich der Intelligenz seiner Spieler an. Es ist ihnen immer einen Schritt voraus. Es ist das exakte Gegenteil eines virtuellen Spiels: Nicht der Spieler erreicht das nächste Level, sondern das Spiel. Das macht es zur Höllenmaschine: Es verfügt über eine eingebaute Eskalation.

# Die Eskalation

Das Beispiel Kenia zeigt sehr unschön die Eskalation des Spiels: Auch früher hatte Kenia Schulden – seit es das Spiel spielt, hat es dreimal so viele. Und nicht nur Kenia geht es so. Viele Entwicklungs- und Schwellenländer sind in dieser Schuldenspirale gefangen. Spielrunde um Spielrunde nehmen die Schulden zu. Inzwischen sind viele Länder so hoffnungslos überschuldet, dass sie keinen Kredit mehr bekommen. Hurra! Denn damit wären sie raus aus dem Spiel oder würden zumindest nicht noch tiefer hineingezogen. Doch genau das verhindern die Regeln 9 bis 11: kein Ausstieg, steigende Verluste, wachsende Abhängigkeit.

In diesen Tagen wird immer klarer, dass die verschuldeten Länder nie wieder (s. Regel 6) aus eigener Kraft schuldenfrei werden können. Was ist mit einem Schuldenschnitt? Selbst das wäre kein Spielabbruch, denn es entstehen neue Abhängigkeiten, wie der argentinische Schuldenerlass von 2001 belegt: 2014 war das Land schon wieder nahe dem Staatsbankrott. Schneller, als die Länder hinterherhecheln können, erreicht das Spiel das nächste Eskalationslevel: Inzwischen verhökern vor allem viele afrikanische Länder ihr ohnehin knappes Ackerland zu Spottpreisen an Gläubiger, um ihre Schulden wenigstens so minimal bedienen zu können, dass sie noch mehr Kredit bekommen. Wie nennt die Marketingabteilung der Globalisierung dieses neue Spielniveau? Land Grabbing. Ein irrer Begriff.

In *Die Wochenzeitung* (2010) nachzulesen:
»Die (Anm.: kenianischen) Ernten sollen ausnahmslos nach Katar exportiert werden, obwohl nur zwanzig Prozent des Bodens für Ackerbau geeignet sind und es in Kenia immer wieder zu Hungersnöten kommt. So musste das Welternährungsprogramm der UNO 2009 fast vier der gesamthaft 39 Millionen Einwohnerinnen und Einwohner Kenias vor dem Hungertod bewahren – ein Minister hatte die Getreidereserven des Landes an den Sudan verkauft.«

»Grabbing« unterstellt, dass ein böser Industrieller sich bei Nacht und Nebel ein Stück Land unter den Nagel reißt. Doch nichts davon trifft zu: Katar zum Beispiel musste die riesigen Landflächen im fruchtbaren Tana-Delta nicht rauben – Kenias Präsident Mwai Kibaki hat das Staatsland unter der Last der Kredite auf dem Silbertablett angeboten: Ausverkauf! Provinzen billig zu haben! Das nenne ich Fortschritt. Der Kapitalismus hat den Imperialismus abgelöst. Wo früher Kolonialmächte mit Truppen einmarschierten und das Land mit Waffengewalt besetzten, wedelt jetzt der Gläubiger mit dem Schuldschein – und kriegt das Land nachgeworfen. Schuldschein statt Sturmgewehr. Die Historie wiederholt sich endlos – nur in anderen Farben.

>>Plus ça change, plus c'est la même chose.<<
(Je mehr sich etwas ändert, desto eher bleibt es dasselbe.)

*Jean-Baptiste Alphonse Karr, 1894, Les Guêpes*

Und so entwickelt Regel 10 ihre Wirkung: Das Spiel endet nie, es eskaliert. Je mehr Schulden, desto mehr Land wird verkauft, desto weniger Land bleibt für die Ernährung der eigenen Bevölkerung, desto mehr Grundnahrungsmittel müssen kreditfinanziert importiert werden, desto stärker wachsen die Schulden, desto heftiger hungern die Menschen ... Böses Spiel. Russisches Roulette ist dagegen ein Spiel mit echten Gewinnchancen und wenigstens einem definierten Ende.

Würde ein vernünftiger Mensch bei einem Spiel mit derart deprimierend eskalativen Regeln mitspielen? Sicher nicht. Leider sind die Verlierer der Globalisierung nicht vernünftig, sondern eher verzweifelt, hungrig, am Ende. Außerdem kennen die meisten Amateure die Spielregeln nicht, wenn sie zu spielen beginnen. Sie wollen bloß Kredit und Nahrung. Dass sie damit den ersten Zug in einem Höllenspiel machen, wissen oder ahnen sie nicht. Selbst wir angeblich so Aufgeklärten spielen munter mit, ob als Produzenten oder Konsumenten, spielt keine Rolle. Die meisten von uns kennen die Spielregeln nicht. Wir denken noch nicht einmal im Traum daran, dass es Spielregeln geben könnte, die wir nicht kennen.

## Sklaven des Spiels

Was soll der kenianische Finanzminister denn tun, wenn die Schulden ihn erdrücken? Er kann gar nicht anders, als nach neuen Kreditgebern zu suchen oder Land zu verhökern! Was soll ein Rosenfabrikant tun, wenn die kenianische Regierung ihm eine Plantage zum Spottpreis anbietet? Endlich kann er dem europäischen Preiskrieg entfliehen! Also schlägt er zu und investiert. Und wenn ich beim Discounter für 3,50 Euro im Dezember einen Rosenstrauß bekomme – was soll ich machen, wenn das Haushaltsgeld im Geschenkemonat knapp ist?

So sind wir alle mehr oder minder Gefangene des Spiels. Das ist allerdings pikant: Wir Sklavenhalter sind selber Sklaven des Systems. Der Konsument ist gefangen im Konsumrausch, der Produzent in der Preis/Kostenspirale, die Schwellenländer in der »Schuldensklaverei«, wie das inzwischen heißt: Das Spiel ist mächtiger als der einzelne Spieler. Wir, die Spieler, werden von der Dynamik des Spiels überholt, ohne es zu bemerken.

Während ich für dieses Buch recherchierte, wurde Spielregel 8 eskaliert: Weil viele Länder in ihrer Not tatsächlich überlegen, aus dem Spiel auszubrechen, haben Investoren mit Heerscharen von Juristen Investorenschutzabkommen mit millionenschweren Entschädigungsandrohungen ausgeklügelt. Sollten schuldenversklavte Länder es tatsächlich wagen, sich im Sklavenaufstand gegen das Spiel aufzulehnen, wären sie praktisch vom ersten Prozesstag an bankrott. Dann würden die Gläubiger die »Assets« erst richtig unter sich verteilen: Garage Sale auf Länderebene! Wer will 20 Krankenhäuser? Wer übernimmt den Nordteil des Landes? Wer kauft die Armee günstig auf? Was bietet ihr für 20 Millionen Einwohner der Südprovinz? 30 Cent pro Kopf? Zuschlag! Siehe Regel 6: einmal Verlierer, immer Verlierer. Früher mussten die Sklavenhändler noch Dörfer brandschatzen und die Einwohner halb zu Tode prügeln für ein Dutzend kräftiger Sklaven. Ein übles, blutiges Geschäft. Heute wedelt der Sklavenhändler von Welt locker mit dem Schuldschein und gewinnt auf einen Schlag am grünen Tisch Millionen von Sklaven – ohne sich den Anzug schmutzig zu machen. Es lebe der Fortschritt? Es tut mir leid, wenn ich zynisch wirke – aber geht Ihnen bei so was nicht auch der Hut hoch?

Doch zurück zur Vater-Tochter-Geschichte: Dieses ganze Elend erzählte der Chefvolkswirt seiner 15-jährigen Tochter? Was halten Sie davon?

Er selber meint: »Ich bin ein Idiot. Ein Kind, das bislang nur unsere weltfremde Schulbildung genossen hat, ohne Vorwarnung mit dem Terror eines amoklaufenden Systems zu konfrontierten – das grenzt an seelische Grausamkeit. Die Kleine hat tagelang bleich ausgeschaut, schlecht geschlafen, kaum was gegessen oder gesprochen. Eine Woche später verkündet sie, dass sie die Schule abbricht und als Entwicklungshelferin nach Afrika gehen will. Das haben wir nun davon. Jetzt spinnt sie total!« Wirklich?

## Die Adorno-Frage

Adorno meinte, dass es kein richtiges Leben im falschen gebe. Die Tochter des Volkswirts meint das auch und will deshalb aus dem falschen Leben aussteigen, worauf sie vom Vater – halb im Scherz – für verrückt erklärt wird. Wer hat Recht? Vater oder Kind?

Klammern wir für einen Moment die angekündigte Berufswahl der Tochter aus und konzentrieren uns nur auf ihren *Beweggrund* für diese Wahl: Erkennen Sie ihn? Keine triviale Frage. Warum will die Tochter aus dem Spiel aussteigen und Entwicklungshelferin werden?

Ich stellte die Frage vor einiger Zeit einer Gruppe Studierender unterschiedlicher Fachrichtungen und war einigermaßen gefrustet: Keine(r) kam drauf. Schließlich hob eine Studierende die Hand und fragte zögerlich:

»Aus Mitgefühl?«

Nachdem ich bejaht hatte, sagte ein angehender Manager: »Du kannst 27 Semester BWL studieren und dieses Wort kein einziges Mal hören, lesen oder sagen.« Worauf ein Kommilitone witzelte: »Das kann ich für meinen Studiengang bestätigen. Ich studiere Theologie.« Guter Scherz. Jetzt ernsthaft:

Ein Kind zeigt Mitgefühl und wird deshalb, wenn auch halb ironisch, für verrückt erklärt.

Wohlgemerkt: Das Kind, das Mitgefühl zeigt, wird für verrückt er-klärt – nicht das Spiel, das Menschen in Schwellenländern ausbeutet. Wer Mitgefühl mit den Opfern der Ausbeutung hat, gilt als verrückt, jedoch nicht jenes Spiel, das die Opfer hervorbringt. *Das* ist verrückt. Genauer: der Wahnsinn.

## Das Gruen-Postulat

Arno Gruen, einsamer Rufer in der Wüste der Kolleginnen und Kollegen von der psychologischen Fachrichtung, nennt das Phänomen in seinem gleichnamigen Buch den »Wahnsinn der Normalität«. Sein Argument: Nicht die Tochter ist verrückt geworden. Es ist die Welt, die verrückt geworden ist und diesen Wahnsinn normgerecht als »Normalität« verkauft. Deshalb muss die zusätzliche 15. Spielregel lauten: »Verrückt wird für normal erklärt – und umgekehrt.«

Die Welt erklärt Ausbeutung für normal und Mitgefühl für verrückt. Und der Vater spielt mit – unter strenger Beachtung von Spielregel 12 (um das Spiel zu spielen, darf man es nicht als solches erkennen): Er denkt, dass er »vernünftig« sei, und merkt nicht, dass er verrücktspielt. Er verliert gleich zweifach sein Mitgefühl.

Zum einen dasjenige für die Kenianer, deren Leid er recht sachlich, eher zynisch und ohne Anflug von Empathie schildert. Zum anderen das für die Regung seiner Tochter, die er als »verrückt« verkennt oder zumindest so bezeichnet. Das geht nicht nur dem Volkswirt und Vater so. An diesem Punkt scheitern wir alle täglich. Immer dann, wenn wir ins Regal greifen und uns keine Gedanken über den blutigen Fuß-abdruck machen, den wir dabei hinterlassen. Immer dann, wenn wir in den Medien von neuen globalen Ungerechtigkeiten hören/lesen und das als Business as usual zur Kenntnis nehmen. Und diesen Un-gerechtigkeiten begegnen wir täglich; hier nur ein paar *Spiegel-Online-*Schlagzeilen:

»Adidas entzieht bestreikter Fabrik Aufträge.«

»Primark bezeichnet Hilferufe nach Untersuchung als Fälschung.«

»Arbeiter nähen Hilferufe in Kleidung ein.«

»Fabrik-Katastrophe in Bangladesch: Modefirmen lassen Opfer im Stich.«

»Kik-Shirts in Katastrophenfabrik gefunden.«

»Gebäudeeinsturz in Bangladesch: Begraben in der Schutthölle.«

Diese Litanei des Elends – schrecklich. Weckt sie Ihr Mitgefühl? Wenn ja: Sind Sie dann normal – oder verrückt? Und: Was ist besser? In einer verrückten Welt normal zu sein oder in einer als »normal« bezeichneten Welt verrücktzuspielen? Anders gefragt: Gehört weggesperrt, wer Mitgefühl empfindet?

## Abnormes Mitgefühl

Mitgefühl ist eine Quelle der Moral. Manche meinen, Moral entstehe aus der Befolgung von Maximen und Gesetzen. Nicht für die Tochter des Volkswirts. Ihre Quelle der Moral ist nicht eine abstrakte Maxime, sondern ihr persönliches Mitgefühl. Sie sieht in den Menschen den Menschen und nicht ein Mittel, um ökonomische Erfolgsgrößen zu erreichen. Damit steht sie in einer exquisiten Ahnenreihe.

Der Samariter, der von Jerusalem nach Jericho ging, verhielt sich ebenfalls nicht nach den damals herrschenden Maximen: Das Gesetz verbot die Berührung eines, hier nur scheinbar, Toten. Deshalb löste diese Beispielerzählung damals so einen heftigen Skandal aus – den man ihr heute wünschen möchte: Der Samariter scherte sich nicht um das gesetzliche Verbot der Berührung, sondern handelte nach Maßgabe seines Mitgefühls. Er berührte den reglos Daliegenden in Sorge um ihn. Deshalb tat er »das Richtige« – behauptet die Bibel. Deshalb handelte er moralisch: weil er im Gegensatz zu vielen von uns noch fähig war, Mitgefühl zu empfinden (bezeichnen wir das mal als Fähigkeit – für viele Arbeitgeber ist es eher eine Behinderung). Damit wäre klar, warum wir in so moralschwachen Zeiten leben: »Der Verlust des

Mitgefühls«, ebenfalls Titel einer Gruen-Veröffentlichung, ist Symptom unserer Zeit. Schlimmer: Zeigt mal jemand, wie die Tochter, Mitgefühl, wird es nicht als solches erkannt oder gewürdigt, sondern die Person prophylaktisch für verrückt erklärt. Das ist es auch. Im falschen Leben ist das Richtige falsch (ich wünsche mir ein T-Shirt mit diesem Slogan der Postmoderne).

Im Wahnsinn der Normalität ist das »Normale« der Wahnsinn. Auch das zeigte Hannah Arendt uns mit ihrer »Banalität des Bösen« – und bezog damals fürchterlich Prügel dafür. Was eine »normale« Reaktion war: Wie kann frau bloß den Wahnsinn als »banal« bezeichnen? Weil er nur so seinen Lauf nehmen kann; quasi die nun 16. Spielregel: »Was die Globalisierung neben dem Guten an Bösem anrichtet, ist Wahnsinn – darf aber niemals so bezeichnet werden, sonst können wir nie wieder ›guten Gewissens‹ eine Jeans kaufen!« Die Tochter des Volkswirts braucht solche definitorischen Glasperlenspiele nicht. Sie empfindet ganz spontan und kindlich ein sie, aber nicht ihre Eltern oder den IWF überwältigendes Mitgefühl mit den Kenianern.

Natürlich ist es gewagt, Moral auf Mitgefühl zu reduzieren – für jene, die es verloren haben, für die Apostel der realistischen Indolenz. Man könnte umgekehrt behaupten, dass Moral lediglich ein fahler Ersatz für echtes Mitgefühl ist, dass Mitgefühl weit über Moral hinausgeht und ein viel besserer Moralkompass ist: Die Tochter musste keine kategorischen oder anderweitigen Imperative jonglieren, sie wusste intuitiv, was »das Richtige« ist. Genützt hat es ihr nicht. Der Vater verurteilte ihre Berufswahl so spontan, wie sie diese getroffen hatte. Glücklich machte das weder Tochter noch Vater. Irgendwann fragte er mich: »Aber was hätte ich denn machen sollen?«

Gute Frage. Mögliche Antwort: Vielleicht sollte er etwas weniger dissoziieren? Betrachten wir im Folgenden, was das bedeutet. Wie sollen wir weniger dissoziieren?

## Die Mutter der Globalisierung: Dissoziation

Mitgefühl macht Ausbeutung unmöglich. Umgekehrt sind die Gräuel der Globalisierung nur mithilfe der sogenannten Dissoziation, also mit der Abspaltung von Gefühlen wie zum Beispiel eben Mitgefühl, möglich. Dissoziation ist sozusagen die geistige Mutter der Globalisierung. Wobei diese aktive, aber unbewusste Abspaltung von Gefühlen nicht pauschal ist (»Kein Bock auf nix!«), sondern selektiv: Was wir tragen, worin wir wohnen und fahren und womit wir mobil telefonieren – das ist uns alles andere als egal! Aber aus welchem Höllenloch das blutgetränkt gekrochen kommt – das muss uns ganz selektiv am Senkel vorbeigehen. Sonst könnten wir nicht konsumieren, produzieren und beschaffen. Aber warum machen wir das? Wenn wir uns an unsere Kindheit erinnern: Da hatten wir noch Mitgefühl mit der gequälten Kreatur. Wenn die Katze starb, haben wir geweint. Heute sterben 600 Näherinnen in Bangladesch, und was machen wir? Shitstorm im Internet und danach Frustkauf beim Klamottendiscounter. Totalschaden am Mitgefühl. Wo fing an das? Natürlich: im Sandkasten.

Wir haben einen kleinen Jungen in der Nachbarschaft, dem ein größerer Junge eines Nachmittags den Fußball wegnahm. Der Kleine tobte und heulte nicht, sondern begegnete dem Unrecht mit auf den ersten Blick stoischer Ruhe. Ich sprach ihn an: »So was würde mich richtig wütend machen!« Er sagte: »Ich bin nicht wütend.« Fünf Minuten später nahm er seiner kleinen Schwester im Sandkasten das Schäufelchen weg, worauf diese in brüllendes Geheul ausbrach.

Ich bitte die Kolleginnen und Kollegen vom psychologischen Fachbereich vorauseilend um Verzeihung, wenn ich gleich Dissoziation, Abspaltung und Verdrängung munter durcheinanderwerfe. Aber: Der Kleine war nicht wirklich »nicht wütend«. Er *war* wütend, verdrängte seine Wut aber so lange, bis sie gegenüber dem perfekten Opfer kompensatorisch ans Licht brach. Schlussfolgerung: Wir beuten die armen Kenianer aus, weil wir kompensieren? Natürlich ist das Realsatire!

Das ist doch gerade die große Demütigung des Spiels: Wir sind keine bösen Menschen. Wir sind lediglich so abgespalten von einigen unserer Emotionen, dass wir geradezu krampfhaft und völlig unbewusst auf der Suche nach Opfern sind. Unsere Wirtschaft und damit unser

Seelenleben, eine seltsame Äquivalenz, würde ohne Opfer nicht mehr funktionieren. Wir sind inzwischen so dissoziiert, dass wir unsere und die Gefühle unserer eigenen Kinder nicht mehr wahrnehmen können oder unbewusst verdrängen. Wie dissoziiert wir sind, erkennen wir am besten an der Idealversion des Vater-Tochter-Dialogs. Dieser hätte ungefähr so ablaufen können – wenn der Vater eben nicht im Gegensatz zu seiner Tochter von seinem eigenen Mitgefühl abgespalten wäre:

Tochter: »Ich breche die Schule ab! Ich werde Entwicklungshelferin und gehe nach Afrika!«

Vater: »Eine gute Idee (nicht Abwertung, sondern Wertschätzung des Tochteraffekts). Warum möchtest du das machen?«

»Blöde Frage, weil das alles total ungerecht und gemein ist!«

»Ungerecht für wen?«

»Na, für die armen Leute da unten!«

»Was empfindest du für sie?«

»Die tun mir einfach leid!«

»Das ehrt dich. Glaub mir: Die tun jedem anständigen Menschen leid (so was kann ein Abgespaltener nicht formulieren). Wie kannst du ihnen helfen?«

»Indem ich Entwicklungshelferin ...«

»Ja, klar. Aber das dauert. Die nehmen nur noch Leute mit Abschluss. Was kannst du jetzt schon für die armen Leute und gegen die schreiende Ungerechtigkeit tun?«

»Hm, ich weiß nicht ...«

»Lass uns gemeinsam überlegen. Bestimmt finden wir Ideen im Internet. Oder wir kaufen mehr faire Produkte. Wir können spenden. Wir können ...«

Dieser Dialog hat drei entscheidende Passagen, drei Weichen, drei Weggabelungen, die links in den Wahnsinn und rechts zu Mitgefühl, Authentizität und Moral führen. Auf welche drei tippen Sie?

## Die entscheidenden Weichen

Die erste Weiche stellt der hier idealisierte Vater mit »Eine gute Idee.« In der Realversion reagierte er natürlich so: »Bist du verrückt? Du machst deinen Schulabschluss.« Kein Vorwurf: Wir alle reagieren gelegentlich, häufig, ständig so. Weil wir teilweise so dissoziiert sind, dass wir ganz automatisch auch und gerade jene von uns abgespaltenen Empfindungen abwehren, die uns in anderen begegnen.

In der Idealversion sagt der Vater dagegen implizit, sozusagen im Hypertext: »Ich erkenne deine Regung als solche an – weil und solange ich sie selber noch empfinden kann. Ich achte deine Authentizität – weil ich auch meine achte. Selbst wenn ich nicht davon begeistert bin und anders fühle als du: Ich wertschätze deine Gefühlsregung als solche – wie ich auch meine wertschätze.« Das ist Utopie? Kein Mensch redet so? Und am allerwenigsten Eltern? Das haben Sie gesagt. Aber Sie haben Recht. Moral und Mitgefühl sind die ultimative Utopie; zumindest in unseren Tagen.

Die zweite kritische Stelle im Dialog ist: »Ungerecht für wen?« Natürlich ziehen unsere Kinder (Eltern, Manager, Täter ...) oft die falschen Schlüsse aus ihren »richtigen« Gefühlen. Also liegt der Sinn einer guten Erziehung und jeder respektvollen Kommunikation nicht darin, dem anderen – oder uns selber: Dissoziation! – seine oder unsere Gefühle auszureden oder zu verbieten, sondern diese Gefühle anhand von Wahlentscheidungen zu ergründen. Gefühle ergründen? Das ist Hyperutopie! Der Vater fragt im Grunde nichts anderes als: »Was ist die Natur deines Mitgefühls? Auf wen richtet es sich und nützt sein gewählter Ausdruck jenen wirklich, für die du Mitgefühl empfindest?« Ja, klar, wir hätten alle gerne solche Väter – aber dieser Wunsch, eher: dieses Kulturversagen, ist nicht Gegenstand der Diskussion.

Die dritte Stelle ist: »Wie kannst du ihnen helfen?« Hier gibt der Vater der Tochter die Chance, ihre sozial problematische und wahrscheinlich auch übereilte Verknüpfung von Gefühl und Entscheidung zu überdenken – ohne ihre Authentizität zu gefährden. Noch so ein utopisches Fremdwort.

Großer Gott im Himmel! Das alles ist nötig, um ein Kind zur Moral zu erziehen? Kein Wunder, dass die Globalisierung Amok läuft und unsere Welt so aussieht!

Ich würde gern bei Amazon eine andere bestellen. Sie auch?

## In welcher Welt würden Sie gerne leben?

Neulich sah ich einen sogenannten Comedian im TV, wie er sich über das absurd bürokratische Gebaren einer EU-Behörde mokierte und quasi als anklagende Pointe fragte: »In welcher Welt leben wir eigentlich?« Ich fand es schade, dass das Publikum daraufhin lachte. Niemand stellt sich diese Frage ernsthaft.

Stattdessen ist der soziologisch dokumentierte »Rückzug ins Private« zu beobachten: Entpolitisierung des Bürgerturms, miese Wahlbeteiligung, vakante Gemeindegremien und verwaiste Ehrenämter. Ein Psychologe erklärte mir das so: »In einer unsicheren Welt reagieren Menschen mit dem Rückzug in die schützende Höhle.« Ich frage mich: Was sind das für Menschen?

Es sind verunsicherte Menschen. Es sind Menschen, die schon lange nicht mehr die Welt gestalten (wollen), in der sie leben – oder die ihr Wohnzimmer für »die Welt« halten. Das mag im Neandertal klug gewesen sein. Im Zeitalter der Globalisierung gilt leider: *Die Welt* ist dein Wohnzimmer. Wer sich in Zeiten der Globalisierung nicht um die Welt kümmert, mit dem spielt die Welt. Je mehr wir uns verkriechen, desto unbarmherziger wird sie. Dafür sorgt die 17. Spielregel.

## Die 17. Spielregel

Im Frühjahr 2014 riet der hessische Apothekerverband, sich Rezepte für Medikamente möglichst frühzeitig zu besorgen und einzulösen, denn es bestünden substanzielle Lieferengpässe.

Man muss sich das mal vorstellen. Da kommt ein Herzpatient oder ein Asthmatiker zur Apotheke, weil er unter mehrmals die Woche auftretenden Anfällen leidet, und muss erfahren, dass sein Medikament »derzeit leider nicht lieferbar« ist. Die Erde tut sich da vor einem auf. Ich stand zufällig mal daneben, als ein konsternierter Apotheker einer Rentnerin erklärte: »Früher war Medizin knapp, weil wir so arm waren. Heute ist sie knapp, weil wir zu reich sind, um gesund zu bleiben.«

Wegen des anhaltenden Kostendrucks haben viele Hersteller und deren Lieferanten die Produktion von Wirkstoffen ins Ausland verlagert. In andere Länder, auf fremde Kontinente. Globalisierung eben. Jeder größere Sturm auf dem Atlantik, jeder Streik von Hafenarbeitern und jedes Qualitätsproblem in der Produktion ferner Länder provoziert einen Lieferengpass. Das ist inzwischen so »selbstverständlich«, also normal, sprich wahnsinnig, dass das Bundesinstitut für Arzneimittel und Medizinprodukte eine Internetseite geschaltet hat, in der Hersteller, die Lieferengpässe erleben, ihre Medikamente eintragen können. Betroffen sind vor allem Präparate zur Behandlung von Tumoren, von Schilddrüsenstörungen, aber auch von Bluthochdruck. Mit einigen Antibiotika gibt es ebenfalls Probleme. Mathias Arnold, Vizepräsident der Bundesvereinigung Deutscher Apothekerverbände, meinte in der *Apotheken-Umschau* lapidar: »Langfristig sollten wir über internationale Qualitätsstandards nachdenken und darüber, wie sich Rabattverträge so gestalten lassen, dass sie nicht zu Marktversagen führen.« Marktversagen?

Das ist die 17. Spielregel: »Das Spiel wird so lange gespielt, bis es zu Marktversagen kommt – und darüber hinaus.« So kommt es zu dem, was die 14. Spielregel beschreibt: Selbst Gewinner können in solchen Fällen zu Verlierern werden.

Du kaufst den falschen Honig? Du kaufst im Dezember Rosen? Deine Jeans sind aus Indonesien? Dann warte, bis du dein nächstes Rezept einzulösen versuchst. Eine zynische Kollegin meinte dazu: »Der falsche Rosenkauf wird mit Tod durch Medikamentenentzug bestraft!« Das ist lustig, dramatisch oder tragisch – je nach Standpunkt. Und es ist sehr aufschlussreich: Wer sich vor dem bösen Treiben der Globalisierung in die eigenen vier Wände verkriecht, wer Moral nicht mehr als Basis des Gemeinwohls, sondern lediglich als weitere Zumutung ansieht, den terrorisiert die Globalisierung irgendwann im eigenen Wohnzimmer. Sie greift seine Gesundheit an, sie bedroht ihn mit dem Tode. Das ist die Welt, in der wir leben. Wollen wir das?

Sicher nicht. Niemand will das. Warum ist das dann so? Warum läuft das Spiel immer noch? Weil diese Frage eine andere impliziert, die selten jemand zu stellen wagt: Die Frage nach der Welt, in der wir leben wollen, ist die Frage nach den Menschen, die wir sein wollen.

## Wer wollen Sie sein?

Früher strebte der Jüngling danach, mutig und kühn zu sein, und das Mägdelein, tugendhaft und keusch. Ich weiß, das sind altväterliche Werte. Aber das Streben an sich? Das – fürchterliches Wort – Tugendstreben?

Wonach streben wir heute?

Als ich dies im Bekanntenkreis fragte, waren die nach Häufigkeit sortierten Antworten: X Kilo weniger, mehr Sport, mehr Zeit für die Familie, größere Wohnung, neues Auto, Gehaltserhöhung, attraktives Projekt. Schöne Ziele, keine Frage.

Wer strebt heute noch nach Durchsetzungsstärke, charakterlicher Rechtschaffenheit, psychischer Widerstandskraft, Fähigkeit zur Betrachtung eigener Handlungen, Güte, Demut, Toleranz, Gelassenheit, Mitgefühl oder persönlicher Reife?

»Gute Frage«, antwortete mir eine Vorständin. »Mir ist auch schon aufgefallen, dass unsere Personalentwicklung im Unternehmen ›Personalentwicklung‹ heißt und nicht ›Persönlichkeitsentwicklung‹.« Wonach streben Sie?

Obwohl wir doch alle unzweifelhaft Personen sind, ist die Persönlichkeit vollkommen aus dem Leben der einzelnen Person verschwunden. Aber wozu brauchen wir eine Persönlichkeit, wenn die nur stört? Erinnern wir uns an die Tochter des Volkswirts: Sobald sie Zeichen einer Charakterregung zeigt, wird sie vom Vater nicht mehr ernst genommen. Also: Wozu Charakter?


## Sklaven fürs Smartphone

Nachdem ich von der Kenia-Geschichte gehört hatte, entwickelte ich Hemmungen, mir im Winter billige Rosensträuße zu kaufen. Das beeindruckt Sie wenig?

Natürlich, wer kauft schon Rosen im Winter. Das Beispiel lässt sich nicht unbedingt verallgemeinern. Also nehmen wir etwas, das zum Inbegriff des 21. Jahrhunderts geworden ist. Nehmen wir etwas, das inzwischen (fast) jede(r) hat: Handy oder Smartphone.

In Ihrem und meinem Smartphone stecken viele Metalle. Darunter Gold, Zinn, Coltan und Wolfram aus den Minen des Ost-Kongo. Diese Region des Landes wird seit Jahren von drei bis vier Dutzend Rebellengruppen terrorisiert. Ihnen gehören die meisten der 900 Minen. Mit deren Erlös finanzieren sie Waffenkäufe, Nachschub und Offiziere. Die Arbeiter für diese Minen werden zum Großteil gepresst. Das läuft wie folgt ab:

Rebellen überfallen ein Dorf und schießen erst mal alles nieder, was entfernt nach, größtenteils unbewaffnetem, Widerstand aussieht. Dann kidnappen sie Männer und Frauen. Um die Versklavten für die Arbeit gefügig zu machen, werden einige Männer verstümmelt und öffentlich zur Schau gestellt und die Frauen ebenso öffentlichkeitswirksam gruppenvergewaltigt. Ich beschränke mich bei der Schilderung der Grausamkeiten auf Andeutungen. Das Ausmaß der Gewalt in diesen Folterminen sprengt jedes menschliche und unmenschliche Vorstellungsvermögen. Nicht das blutrünstigste Horror Movie kommt an das heran, was auch jetzt, am heutigen Tage, im Kongo wütet. Und bei dieser Datenlage werben einige Anbieter von Mobilverträgen keck: »Ein neues Smartphone jedes Jahr!« Was soll man davon halten?

Tausende, vielleicht Zehntausende Menschen wurden für die »Blood Minerals« in dem Ding, das gerade klingelt, verschleppt, versklavt, gefoltert und getötet. Und wir telefonieren damit. Die Hand soll uns abfallen ...

Es gibt ein Fairphone (inzwischen in der Version 2). Seit 2013. Das erste Handy, in dem ausschließlich Metalle aus zertifizierten Minen stecken. Keiner der großen Anbieter hat es auf den Markt gebracht, sondern ein kleines niederländisches Start-up. 25000 Menschen bestellten und bezahlten per Crowdfunding das Gerät, noch bevor überhaupt ein einziges Exemplar vom Band lief. Bright Spot.

Möchten wir nicht alle zu diesen integren, aufrechten 25000 gehören? Natürlich! Warum sind es dann nur 25000 und nicht 250000 oder gar 250 Millionen?

25000 haben eine integre Persönlichkeit – was hat der Rest der Menschheit als Ersatz für Charakter?

## Der Verrat am Selbst

Wirklich jeder Mensch, der vom Horror der Wertschöpfungskette von Mobiltelefonen hört, bekommt ein schlechtes Gewissen. Einige ein großes, andere ein kleines. Aber es klingelt bei allen; verdammtes Gewissen. Normalerweise rührt sich bei uns nichts mehr. Nicht, wenn wir Billigbutter beim Discounter kaufen, für die heimische Bauern ihren Hof aufgeben müssen. Nicht, wenn wir die *Spiegel-Online*-Schlagzeile lesen:»Dumpinglöhne für Puma-Shirts«. Keine Regung. Das Gewissen bleibt stumm. Schadet das was?

Zeigt nicht unser Alltag, dass es folgenlos bleibt, unser Gewissen zu verleugnen? Das ist der große Haken am Spiel, aus dem sich die 18. Spielregel ergibt: die Illusion des folgenlosen Verrats am Selbst (Arno Gruen). Sie ist eine Illusion, weil der Homo sapiens eine Fehlkonstruktion ist: Seit 200000 Jahren wird er mit unveränderter Grundausstattung ausgeliefert, zu der eben auch so im Wortsinne atavistische Regungen wie Mitgefühl, Respekt, Gemeinsinn, Verantwortungsgefühl, Ehrlichkeit und eben das ethische Gewissen gehören.

Versuche, diese Grundausstattung zu ignorieren, gelingen lediglich Borderlinern, Paranoikern, Psycho- und Soziopathen. Alle anderen Menschen leben mit der schweren Bürde der Evolution: Authentizität.


## Wo lassen Sie leben?

Authentizität bedeutet nicht, wie oft vermutet, Egozentrik oder Egoismus, sondern schlicht und einfach: seine eigenen Gedanken, Gefühle und Empfindungen wahrzunehmen und zu achten – auch und gerade die unangenehmen und sozial wenig konformen.

Die Evolution mag gemessen an heutigen Modeerfordernissen ein alter Hut sein, aber sie besteht darauf, dass wir unsere Authentizität pflegen. Die herrschenden Spielregeln der Gesellschaft verleugnen das, indem sie – polemisch überspitzt – behaupten:»Du brauchst kein Mitgefühl! Du brauchst bloß Job, Haus, Familie, Zweitwagen – und jährlich ein neues Smartphone!« Das ist der perfekte Schwindel.

Denn während man nachdenkt, ob man nun Mitgefühl braucht oder nicht, bemerkt man nicht, dass das Verb falsch gewählt ist: Wieso Mitgefühl *brauchen* – wenn wir es längst *haben?* Und es lediglich dissoziieren, (unbewusst!) unterdrücken, während das blutige Smartphone die Fanfare aus *Star Wars* trötet? Klar: Wenn wir nicht unseren Ekel verdrängten, würde niemand mehr ans Handy gehen und die moderne Welt würde zusammenbrechen. Dissoziation, Abspaltung der eigenen Gefühle hat unzweifelhaft einen staatstragenden Nutzen. Aber nicht nur wir Ökonomen wissen: Mit wenigen Ausnahmen hat das, was einen Nutzen hat, auch einen Preis.

Welchen Preis hat die Abspaltung von der eigenen Authentizität? Es gibt eine Menge Studien dazu. Erwähnt sei stellvertretend die Studie von Richard M. Ryan und Edward L. Deci (2000):

> Das Streben nach geistig-seelischer Authentizität ist Basis von persönlich empfundenem Glück und Wohlergehen. Menschen, die authentisch leben, verweigern soziale Standards, die ihren Werten und Zielen widersprechen. Sie erzielen trotzdem oder gerade deshalb mehr Erfolg als Menschen, die unter Verrat ihrer selbst sozial erwünschte Ziele oder soziale Anerkennung verfolgen: Authentizität macht nicht nur ein gutes Gewissen, sondern zahlt sich auch aus. Langfristig.

In überspitzten Worten: Die Wissenschaft zeigt, dass Anpassung Käse ist und dem Angepassten langfristig schadet. Warum passt sich der Angepasste dann an? Eben deshalb: Weil er angepasst ist. Kurzfristig erleichtert es mich ungemein, wenn ich zum Beispiel meinem Vorgesetzten nicht widerspreche – auch wenn er mir einen Repräsentationstermin »aufs Auge drückt«, der überhaupt nicht in meinen ohnehin überfüllten Terminkalender passt. Langfristig jedoch untergräbt es meinen Selbstwert, meine Abgrenzungs- und Durchsetzungsfähigkeit und damit mein Glück und mein Wohlergehen, wenn ich zu oft kusche, mich selbst und meine Interessen verrate: Anpassung beschädigt den Charakter.

Was uns zu der erstaunlichen Feststellung bringt: Ein gutes Gewissen macht glücklich, zufrieden und langfristig erfolgreich.

Und was machen wir stattdessen, wenn uns das Gewissen plagt? Wir folgen ihm nicht, sondern stürzen uns in Verdrängung, Kompensationskonsum oder Statuskäufe. Wie gesagt: Das ist kurzfristig beruhigend, entfremdet uns aber langfristig unserer selbst. Wir werden uns selbst fremd. Die Globalisierung entfremdet uns von uns (wenn wir mitspielen).

Kurzfristig ist das neue Smartphone einfach geil. Langfristig verkaufe ich damit meine Seele – sofern ich ahne, dass fremde Menschen dafür mit dem Leben bezahlen: Der Schaden für den Fremden ist der Verlust seines Lebens. Der Schaden für mich ist der Verlust meiner selbst. Nicht schlagartig. Aber allmählich. Ich entfremde mich mit jedem Akt der Gewissensunterdrückung, jedem Konsumakt, jeder fischigen Management-Entscheidung, mit jedem Globalisierungsgräuel immer weiter von mir selbst. Ich werde mir selbst fremd. Ich werde unvollständig. Ich verliere mich. In der Globalisierung. Klingt nach Drogenrausch.

Solange ich das Spiel mitspiele, ignoriere ich große, tiefe und entwicklungsgeschichtlich uralte Teile meiner selbst – auf eigene Gefahr und eigenes Risiko. Was Marx früher dem Kapital vorwarf, nämlich die Entfremdung des Proletariats von der Arbeit, haben wir in vorauseilendem Gehorsam auf dem Wege des im Sinne des Wortes blinden Konsums nun selbst übernommen. Wir entfremden uns, indem wir integrale Bestandteile unserer Psyche wie Mitgefühl und Gewissen ignorieren, diese Ignoranz mit Kompensationsakten wie Status und Konsum verdrängen und die Verdrängung geistig tabuieren (damit wir über das selbst auferlegte Tabu nicht nachdenken müssen). Dieser Verrat am Selbst ist nicht nur der Preis, den wir für unsere Globalisierungssünden bezahlen. Er ist gleichzeitig der Fatal Flaw, der Knackpunkt des Nudges (s. Kapitel 5).

## Denken ist besser als Nudgen

Vielleicht kriegen wir tatsächlich irgendwann jeden und jede dazu, sich jederzeit moralisch zu verhalten. Wer weiß? Die Wissenschaft vom Nudging, dem Anstupsen, ist noch jung und boomt gerade, vor allem in den USA. Bestimmt finden wir für jedes Ziel und jede Gelegenheit den passenden Stups. Du willst abnehmen? Nimm kleinere Teller! Du willst dich gesundheitsbewusst ernähren? Trink nur noch fettarme Milch! Du brauchst mehr Bewegung? Lass dir vom Facility Management einen Firmenparkplatz weit draußen geben. Alles tolle, wirksame »Tricks«, Nudges genannt. Damit wäre die Frage der Moral geklärt: Wir lassen uns so lange nudgen, bis wir alle moralisch gereifte Persönlichkeiten sind. Nur: Funktioniert das einfach so?

Ich kann jedes Kind so lange nudgen, bis es auch Fremde auf der Straße grüßt. Es grüßt dann – aber sicher nicht aus einer persönlichen Reifung heraus, die in der Einsicht besteht, dass wir alle mit gegenseitigem Respekt und Höflichkeit besser fahren. Sondern weil das Kind schlicht abgerichtet, dressiert wurde. Gewiss, William James (s. Kapitel 5) meint: *Handle* nur lange oder intensiv genug moralisch, dann *wirst* du es auch. Das funktioniert ganz sicher. Aber: Wollen wir das? Für unsere Kinder? Für uns selbst?

Um Missverständnissen zuvorzukommen: Ich halte Nudging für die Feuerwehr gegen den Flächenbrand der Globalisierung. Und kein Mensch schafft die Feuerwehr ab! Aber was ist nach dem Brand und seiner erfolgreichen Löschung? Wollen wir denn nicht unser Haus mit besserem Brandschutz ausstatten? Damit es gleich gar nicht brennen muss?

Anstöße zu geben ist notwendig – wie die Feuerwehr. Aber nicht hinreichend für ein »brandsicheres« Leben. Aus einer simplen Überlegung heraus:

Will ich ein Mensch sein, der zur Moral genudget, »dressiert« wird? Aus Sicht von Politik und Wirtschaft ist das egal: Hauptsache, der Bürger ernährt sich gesund und entlastet so die Krankenkassen um Milliarden. *Warum* er das tut, kann dem Gesundheitsminister Jacke wie Hose sein. Ihnen und mir nicht. Zwar ist genudgete Moral ganze Moral – aber nur halbe Authentizität (wenn ich genudget werde, handle ich eben nicht aus eigenem Antrieb und Mitgefühl moralisch). Womit wir eine erstaunliche Entdeckung machen: Es gibt etwas, das größer ist als Moral: Authentizität, persönliche Entwicklung, Charakter, kognitive und affektive Vollständigkeit.

Vielleicht kriegen die Nudger bis in 20 Jahren den perfekten Sowjetmenschen hin, Entschuldigung, den sich moralisch perfekt verhaltenden Menschen. Aber was tut das mit seiner Persönlichkeit, was sagt das über seinen Charakter, seine Intelligenz, seine persönliche Integrität? Keine rhetorische Frage. Für die Antwort auf diese Frage benötigen wir einen Teller.

## Das Teller-Experiment

Eine Bekannte, sie ist Soziologin, kämpfte zu der Zeit, in der sie sich mit dem Thema »Nudging« befasste, mit ihrem Gewicht. Sie war sich drei Kilo zu viel. Vom Nudge in der Theorie angetan, probierte sie die Methode in der Praxis aus. Sie benutzte bei jenen Mahlzeiten, wo das möglich war, einen kleineren Teller. Ihr Mittagessen nahm sie auf Frühstückstellern ein, das Abendessen auf einer Untertasse (kein Witz). Sie nahm tatsächlich ab. Der Erfolg sprach für sich (die Technik ist wissenschaftlich gesichert). Bloß: *Wofür* sprach der Erfolg?

Wie die Redewendung sagt: Er sprach für sich. Nicht für die Soziologin. Irgendwann gesellte sich bei ihrem Blick auf die Waage zu Freude und Stolz die nagende Frage aus dem Hinterzimmer der Authentizität, aus der Tiefe der abgespaltenen Persönlichkeitsanteile: Hast du das wirklich nötig? Bist du nicht intelligent genug, das ohne Tricks zu schaffen? Bist du dir selbst so wenig wert? Denn genau genommen hatte sie es nicht mit Einsicht, Willen und Durchhaltevermögen geschafft. *Sie* hatte es überhaupt nicht geschafft – sondern es war nur ein Teller gewesen. Es wäre schön, wenn man unsere Persönlichkeit mit einem Teller austricksen könnte – und das kann man auch! Aber das nimmt die Persönlichkeit übel. Die Soziologin sagt: »Ich hatte das Gefühl: Ich kümmere mich nicht gut genug um mich selbst, wenn ich solche Hilfsmittel brauche.«

Ihr wurde eine Entwicklungschance vorenthalten. Die Soziologin entwickelte weder ihr Mitgefühl in eigener Sache noch ihre Einsicht oder Willenskraft: Teller statt Entwicklung. Das wäre sicher folgenlos, wenn nicht der Verdacht bestünde: Wenn der Sinn der Evolution, wie der Name schon sagt, Entwicklung ist? Nehmen wir an, die Evolution verfolgt den über die gesamte Menschheitsgeschichte geradezu peinlich evidenten Slogan: »Mensch, entwickle dich!« Dann verstoße ich mit jedem Nudge teilweise gegen dieses oberste Gebot: Entwickle auch deine Persönlichkeit! Einmal ganz davon abgesehen, dass es meinen intellektuellen Stolz verletzt, wenn ich einen Teller sozusagen als Großhirnersatz verwenden muss.

Keine Frage: Die Soziologin war und ist stolz auf die drei Kilo weniger – aber die nächste Kurzdiät schaffte sie aus der Erkenntnis heraus, dass sie sich leichter einfach fitter und wohler fühlt und dass sie sich nicht nur gut um ihre Kinder, sondern auch um sich selber kümmern möchte. Diesen Erkenntnisgewinn genießt sie noch mehr als das gute Gefühl, richtig gehandelt und abgenommen zu haben. Sie hätte sich jahrelang weiter per Teller selber nudgen können – das funktioniert! Aber sich persönlich weiterzuentwickeln, empfand sie als befriedigender. Ich habe den Verdacht, dass sehr viele von uns, vor allem jene im fortwährenden Status- und Konsumrausch, diese tiefe intellektuelle und im Sinne des Wortes persönliche Befriedigung nicht spüren. Und je weniger sie spüren, desto mehr konsumieren sie und desto weniger entwickeln sie sich persönlich weiter. Was ich damit sagen will:

Moral ist eine fantastische, wenn nicht die beste und auf jeden Fall herausforderndste Chance zur Persönlichkeitsentwicklung. Die beste Gelegenheit im eigentlichen Sinne, ein besserer Mensch zu werden. Sie ist vielleicht die beste Antwort auf die Frage:

Wer will ich sein?

Jemand, der genudget werden muss, um das Richtige zu tun? Oder jemand, der das Richtige aus sich heraus und kraft eigener Einsicht tut? Und einmal grundsätzlich gefragt: Ist das überhaupt wichtig?

## Über den Sinn des Lebens

Was, wenn der Sinn des Lebens wäre, dass der Mensch sich entwickle? Oder wie Hermann Hesse (im *Demian*) sagt: »Ich wollte ja nichts als das zu leben versuchen, was von selber aus mir herauswollte. Warum war das so sehr schwer?« Weil, zum einen, die Gesellschaft das nicht will. Sie will, dass wir mitmachen. Sie will Konsum, nicht Entwicklung. Sie will Wirtschaftswachstum, nicht persönliches Wachstum. Sie will Wechselkursstabilität, nicht Charakterreife. Anpassung, nicht Authentizität. Massenkonsum, nicht Mitgefühl.

> »Ich habe dem Leser klarzumachen versucht, dass wir im Augenblick tatsächlich Wesen sind, deren Charakter in manchen Aspekten für Gott ein Horror sein muss – so wie er, wenn wir ihn wirklich einmal betrachten, ein Horror für uns selbst ist.«
>
> C. S. Lewis in: The Problem of Pain *(Übersetzung der Autorin)*

Viele Menschen mittleren Alters erleben eine latente Unruhe und Unzufriedenheit, manche eine Midlife Crisis, worauf sie sich in neue Unternehmungen stürzen: neue Wohnung, Hausbau, neuer Partner, neues Auto, neuer Job. Nach einiger Zeit stellen sie bestürzt fest: Beim nächsten Mann wird eben nicht alles anders. Wirklich befriedigend ist das immer wieder Neue nicht, woraufhin sie eine neue Konsum- und Statusrunde einläuten.

Was, wenn wir nicht etwas Neues, sondern etwas *Anderes* bräuchten, um Sinn, Zufriedenheit, Glück, Wohlergehen und Erfüllung im Leben zu finden? Natürlich ist ein neues Auto etwas Schönes. Aber was, wenn man ohne persönliche Reifung nicht wirklich und dauerhaft glücklich und erfolgreich werden kann? Was, wenn nur ein gereifter und ständig reifender Charakter nachhaltig ein erfülltes Leben gewährleistet?

Neulich traf ich eine Schülerin, sie wird so um die 16 Jahre gewesen sein, im Klamottenladen vor einem Edel-Label-Regal. Sie schaute mich verlegen an und sagte: »Diese Tops sind ökologisch und sozial nachhaltig – aber ich kann mir diese Preise einfach nicht leisten! Schade. Ich würde gerne mehr dafür tun, dass es auch anderen gut geht.« Sie hat in diesem Laden keinen Cent für die armen Näherinnen in Bangladesch ausgegeben.

Aber sie hat im Gegensatz zu vielen anderen Konsumenten ihr Mitgefühl nicht verdrängt, verniedlicht, kompensationskonsumiert oder wegerklärt, sondern reflektiert: So wächst der Charakter. Ich hatte das Gefühl, da verlässt ein etwas trauriger, aber sehr reifer junger Mensch den Laden.

Dieses Beispiel zeigt auch, dass die Globalisierung durchaus Chancen bietet, um weit entfernten Menschen zu helfen. Durch den Kauf eines fairen T-Shirts kann eine Schülerin hierzulande eine Näherin, die 8000 Kilometer weit weg ist, unterstützen. Selbst wenn sie das Geld für das exklusive Shirt nicht hat, kann sie immer noch durch den Kauf einer fairen Tafel Schokolade Hilfe für Menschen in Not leisten. So, wie wir das Spiel spielen und wie es mit uns spielt, nutzen wir diese Chancen allerdings noch viel zu selten. Sie zu ergreifen, das ist die große Herausforderung.

## Die Herausforderung

Warum will heutzutage niemand mehr ein guter Mensch werden? Logisch: Weil wir es schon sind! Wir alle leben in der Arroganz der Saturierten, wir sind satt und überheblich. Und wir wehren uns schon von Kindesbeinen an gegen ethische Reifung.

Neulich hörte ich auf einem Familientag einen Siebenjährigen protestieren: »Aber wieso soll ich den Ball holen? Opa hat einen viel kürzeren Weg!« – »Weil dein Opa mit der schlimmen Hüfte nicht mehr so kann!«, erwiderte der Vater, vor der Verwandtschaft blamiert. »Ist mir egal, der ist doch viel größer als ich!«, beschied der Siebenjährige. Ist ja auch klar: Er wusste es besser.

Besserwisserei der Siebenjährigen, Arroganz der Saturierten ... Es gibt Dutzende Gründe und Motive, warum heutzutage eben nur 25000 das richtige Handy vor Markteintritt bestellen und nicht 250 Millionen. Die Herausforderung bestünde darin, vom einen zum anderen zu kommen. Und an dieser Stelle treffen sich Nudging und Einsicht auf vortreffliche Weise.

Ein Architekturbüro in einer norddeutschen Großstadt zum Beispiel hat als moralischen Ableger des Casual Friday den »Moral Monday« eingeführt: ein Nudge. Wie der leitende Architekt sagt, »wollen wir am Anfang der Woche die aktuellen Defizite beleuchten, denen wir im Alltag begegnen. Manchmal können wir etwas dagegen tun, manchmal können wir uns nur gegenseitig daran erinnern, dass dieser Missstand noch behoben werden muss. Aber wir bemühen uns den ganzen Tag, nicht wie sonst üblich, die anfallenden Gemeinheiten einfach zu übergehen, weil man für so was ja sowieso keine Zeit hat!« Warum nur am Montag? Weil kein Mensch das fünf Tage die Woche durchhält! Noch nicht. Genau darin besteht die Herausforderung.

Am Anfang moserten alle fürchterlich:»Das hält doch nur auf! Und dieses weichgespülte Soziologen-Gewäsch ist doch nicht auszuhalten!« Einige drückten sich auch, indem sie einfach die Bürotür hinter sich zumachten. Inzwischen machen alle mit. Weil es eine weitere Konsequenz gab. Noch einmal der Büroleiter:»Wer über Moral redet, redet offen und ehrlich. Seither haben wir auch kollegial ein ganz anderes Gesprächsklima. Der Teamgeist ist besser. Und wir alle haben das Gefühl, dass wir bei der Arbeit auch als Persönlichkeit ernst genommen werden.« Hm, wo ist nun der Haken?

## Wer ist dem gewachsen?

Es gibt eine einfache Erklärung für die Unmoral der Welt: Wer ist stark genug dafür?

Das Architekturbüro ist die perfekte Singularität. Sein Büroleiter ist die krasse Ausnahme: Er lässt eine Moraldiskussion nicht nur zu. Er fordert sie aktiv und kann sie dann auch führen. Das können heutzutage nur wenige.

Was hören Sie am häufigsten, wenn Sie – wenn überhaupt – moralische Bedenken äußern? Keine Moraldiskussion, sondern: Rechtfertigung, Verteidigung, Fatalismus, Intellektualisierung, Scheinrationalisierung, Abwehr, Abwertung, Verdrängung. Auch ich werde das alles hören, wenn dieses Buch veröffentlicht ist: Die Internet-Trolle werden mich beschimpfen. Die professionellen Rechthaber werden rechthaben.

Niemand scheint heutzutage mehr in der Lage zu sein, eine offene und wertschätzende Diskussion, geschweige denn eine Moraldiskussion zu führen oder auch nur zu ertragen.

Der Personalchef eines Konzerns glänzte in den 70er-Jahren kurzfristig, indem er hinter seinem Schreibtisch den Spruch an die Wand hängte:»Sind Sie ein Mensch, der andere Menschen gelten lässt?« Nach drei Wochen forderte ihn der Vorstand ohne Angabe von Gründen auf, den Spruch abzunehmen. Warum?

Weil die Aufforderung als Bedrohung aufgefasst wurde: Abweichende Meinung? Gelten lassen? Diskussion des flotten Spruchs im Kreis der Führungskräfte? Eher friert die Hölle zu. Das würde doch Standpunkte bedrohen! Natürlich: Moral bedroht den Status quo, solange der Status quo sich abseits der Moral bewegt. Diese Bedrohung muss man erst einmal aushalten (wollen, lernen) – oder als Herausforderung begreifen können und wollen. Damit wird deutlich, was man heutzutage mitbringen sollte, wenn man ein guter Mensch werden möchte: Mut und Umdeutungstalent. Zwei Tugenden. Eine dritte fehlt noch.


## Die dritte Tugend

Der Chef liest einem Angestellten die Leviten. Danach nimmt eine Kollegin den Angepatzten beiseite und sagt:»Wir alle machen Fehler – auch der Chef. Er hätte dich nicht so anfahren dürfen.« Der Kollege atmet auf: Balsam! Rettung! Verständnis! Eine Kollegin zischt der Samariterin zu:»Seit wann stehst du auf Loser?« Das ist die 19. Spielregel.

Sie lautet:»Wer das üble Spiel nicht mitspielt, kriegt meist nicht Anerkennung, sondern Zunder – und braucht die dritte Tugend.« Welche ist das? Kommen Sie drauf?

Die Fähigkeit, den Mund aufzumachen? Gut geraten, fachsprachlich: Abgrenzungsvermögen. Die Samariterin schaute der zischenden Kollegin ins Gesicht und sagte trocken:»Du verwechselst da was: Sieger trösten.« Stark. Als ich die Anekdote in einem Kreis von Trainees eines großen Unternehmens erzählte, sagten einige:»So selbstbewusst möchte ich auch sein! Wie wird man das?« Eben damit und dadurch: Der Zweck ist das Mittel. Je öfter ich mich abgrenze (Mittel), desto abgrenzungssicherer (Zweck) werde ich.

Wer sich in heutiger Zeit moralisch verhalten möchte, braucht die Abgrenzungsfähigkeit eines Titanen. Das Gute daran: Man wird allein dadurch zum Titanen, indem man zwölfmal jeden Tag (bemerkt? Nudge!) sich da abgrenzt, wo man vorher kuschte. Das hält man zwei Wochen durch – danach kann man sich gegen alles und jeden abgrenzen. Souverän, beziehungsfreundlich, integer. Und zwar auf harmonische Art und Weise. Also nicht: »Was fällt Ihnen ein? Nicht mit mir!« Sondern eher: »Danke für den Vorschlag – ich möchte lieber anders vorgehen.« So redet kein Mensch? Ja, natürlich.

Nur die wenigsten Menschen verfügen im Twitter-Zeitalter der medialen Histrionik noch über die sprachliche Kompetenz (beziehungsweise die Motivation oder überhaupt die Idee), sich abzugrenzen, ohne Streit vom Zaun zu brechen. Die meisten können das nicht. Noch nicht. Deshalb:

Wäre das nicht eine schöne Entwicklungsaufgabe?

Ganz im Sinne der erwähnten persönlichen Entwicklung: Indem wir uns beziehungsfreundlich abzugrenzen lernen, tun wir etwas für unsere Charakterreifung, womit wir gleichzeitig die Voraussetzung schaffen, unseren moralischen Standpunkt gegen den Wahnsinn der Welt zu behaupten, was wiederum unseren Charakter stärkt ... So greift eins ins andere, die unethische Abwärtsspirale ist unterbrochen und es geht wieder aufwärts mit uns und der Welt. Hier treffen sich Charakter und Handeln: Wir werden, was wir tun. Dafür müssen wir noch nicht einmal die wilden Horden Kenias eigenhändig entwaffnen.

Es reicht schon, wenn wir damit beginnen, bedrängten Kolleginnen und Kollegen (Kunden, Kindern, Verwandten ...) beizustehen, und uns dann langsam steigern.

>>Oft tut auch der Unrecht, der nichts tut.
Wer das Unrecht nicht verbietet, wenn er kann, der befiehlt es.<<

*Marc Aurel*

>>Ich entdeckte, dass Politik der schnellste Weg war,
um die Zukunft zu verpfänden.<<

*Norman Mailer*, Harlot's Ghost

# 7 WIE LANGE WOLLEN SIE NOCH SKLAVENHALTER SEIN?

Lassen Sie mich raten: Als Sie zum ersten Mal den Titel vorne auf dem Buchcover sahen, haben Sie ihn spontan und unwillkürlich metaphorisch verstanden. Oder wie mir ein Manager, zumal ein Supply Manager, vorwurfsvoll sagte: >>Ich weiß, dass unsere Lieferanten in Asien unter harten Arbeitsbedingungen leiden. Aber ich halte doch keine Sklaven!<< Ich verstehe seine Empörung. Ich war auch empört, als man mich zum ersten Mal als Sklavenhalter bezeichnete. Die Wahrheit ist jedoch: Das ist keine Metapher, sondern bitterer Ernst! Und diese Erkenntnis ist nur wenige Mausklicks entfernt. Hier einige mit wenig Aufwand erreichbare Daten:

- Mit allen Formen der Zwangsarbeit werden nach Schätzung der International Labor Organization jährlich 150 Milliarden US-Dollar verdient. Diese Summe enthält noch nicht einmal die Profite, die mit Menschen erzielt werden, die für Löhne unter dem Existenzminimum arbeiten müssen, ohne von anderen dazu gezwungen zu sein.
- Fast zwei Drittel davon werden mit Zwangsprostitution erzielt. Auf erzwungene Arbeit in Fabriken und Minen entfallen immerhin noch 40 Milliarden US-Dollar
- Man geht davon aus, dass 21 Millionen Männer, Frauen und Kinder in Zwangsarbeit als >>moderne Sklaven<< gefangen sind – also grob die

Bevölkerung von Australien und Neuseeland zusammengenommen. Die große Mehrheit von ihnen – fast 19 Millionen – werden durch privatwirtschaftliche Akteure, in der Hauptsache Unternehmen, ausgebeutet.

- Dabei wirkt die Globalisierung sozusagen als Brandbeschleuniger: Seit 2005 haben sich die Profite der Sklavenhalter mehr als verdreifacht.
- Ein Drittel ihrer Profite erzielen sie dabei in der EU und anderen Industriestaaten. Moderne Sklaverei ist somit kein ausschließliches Problem der Dritten Welt.
- Tatsächlich bringen Lohnsklaven in Industriestaaten ihren Sklavenhaltern den meisten Gewinn: 34 800 US-Dollar pro Kopf und Jahr im Vergleich zu den Sklaven in Afrika etwa, die jährlich »nur« 3 900 US-Dollar einbringen.

Jetzt werden Sie sich natürlich fragen, was genau ich mit Sklaverei meine. Denn rein rechtlich gibt es diese ja nicht mehr, seit sie Mauretanien als letzter Staat 1981 abgeschafft hat. Der Besitz eines Menschen ist also nicht mehr möglich. Allerdings leben noch immer viele Menschen in Verhältnissen, die durch völlige Abhängigkeit von anderen und eigene Unfreiheit gekennzeichnet ist. Dies kommt de facto der Natur der Sklaverei also sehr nahe. Es gibt viele Nuancen der Abhängigkeit und Unfreiheit, die von Arbeitsverhältnissen ohne jedes Entgelt, die mit Gewalt und unter Zwang herbeigeführt werden, bis hin zu »weicheren« Formen, wie beispielsweise knebelhaften Anstellungsformen bei Hungerlöhnen, reichen. Nicht jeder Mensch, der unter widrigen Bedingungen für einen Hungerlohn arbeitet, ist ein »moderner Sklave«. Jene jedoch, die gegen ihren Willen zur Arbeit angehalten werden, können so genannt werden, auch wenn der Begriff wissenschaftlich umstritten ist. Wie die »klassische« zeichnet sich also auch die »moderne« Sklaverei durch Zwang und Ausbeutung aus.

Die Sklavenhalter wiederum sind diejenigen, die direkt den Zwang ausüben und direkt oder indirekt von der Ausbeutung profitieren. Das können staatliche Akteure – man denke an Zwangsarbeit in Gefängnissen – und solche privater Natur sein. Wie die Zahlen oben verraten, sind es meist Unternehmen. Nach Schätzungen der ILO verrichten über sieben Millionen Menschen Zwangsarbeit in der Produktion und im Bergbau und weitere dreieinhalb Millionen in der Land- und Forstwirtschaft sowie der Fischerei. Zwangsarbeit ist somit ein fester Bestandteil vieler Lieferketten. »Führend« unter den Branchen mit Zwangsarbeit sind die Baumwollproduktion und die Textilindustrie. Da muss ich Sie natürlich fragen: Tragen Sie gelegentlich Kleidung?

## Wie viele Sklaven halten Sie?

Sofern Sie wie ich Kleidung tragen, Nahrung zu sich nehmen, ein Auto fahren oder ein Smartphone haben (vgl. Kapitel 6), arbeiten derzeit ungefähr 60 Sklaven für Sie und mich. Ob wir wollen oder nicht. Ohne dass wir das veranlasst hätten. Eine genauere Zahl verrät Ihnen der Sklaven-Kalkulator unter slaveryfootprint.org. Wie fühlen Sie sich damit? Und das soll keine rhetorische Frage sein.

Moral hat viel mit Beziehungs- und Empfindungsfähigkeit zu tun: Sind Sie noch leidensfähig? Oder verdrängen Sie schon?

Ich weiß, es ist gemein von mir, solche Fragen zu stellen. In Zeiten der Globalisierung stellt man keine Gewissensfragen.

Doch zurück zur Anzahl Ihrer Sklaven. Wie kommt die Zahl zustande?

Sie kaufen ausschließlich Markenprodukte von zertifizierten Fabriken und Lieferanten? Das ist vorbildlich. Die Weberei Ihres T-Shirts und der Markenhersteller, sogar seine Spediteure sind (im besten Fall) zertifiziert. Aber woher kommt die Baumwolle fürs T-Shirt? Die Smartphone-Einzelteillieferanten sind zertifiziert – aber woher kommt das im Smartphone verbaute Zinn?

Die meisten Sklaven der Neuzeit arbeiten nicht in den Fabriken, sondern in den Minen, auf den Feldern und Plantagen der Globalisierung. Dort werden die Rohstoffe produziert oder gefördert, und dort ist die soziale Nachhaltigkeit mit ihren Zertifikaten noch nicht flächendeckend hingelangt.

Sind dafür nicht die Regierungen zuständig? Was kann ich als einzelne Person schon dagegen tun? Das sind gute Fragen. Sie spiegeln die verbreitete moralische Verunsicherung wider. Schlimmer als die jedoch ist die unbewusste Schlussfolgerung, die wir aus ihr ziehen. Wir sind verunsichert, also handeln wir nicht und beenden zum Beispiel unsere Karriere als Sklavenhalter. Das ist bequem, aber höchst unlogisch.

Unsicherheit ist keine valide Entschuldigung für Passivität. Es ist eher umgekehrt, wie uns Handlungsfreudige täglich beweisen: Handeln verringert Unsicherheit. Wer etwas tun möchte, findet immer etwas zu tun – und mit dieser Handlungsfreude auch seine Sicherheit. Wer handelt, schafft Sicherheit.

Es gibt viel zu tun: Manche Menschen kaufen gezielt Produkte von Herstellern, die es geschafft haben, ihre Wertschöpfungskette bis hinunter zu ihren Minen und Plantagen zu zertifizieren. Andere Menschen schicken regelmäßig E-Mails an Hersteller und fragen nach der Herkunft der verwendeten Rohstoffe. Überschreiten solche Anfragen eine kritische Schwelle, tut sich meist etwas bei den angesprochenen Unternehmen – sie fürchten den Krawall im Internet. Wiederum andere Konsumenten schließen sich einschlägigen Initiativen zur Bekämpfung der Sklaverei an: Im Internet ist Engagement nur einen Mausklick entfernt.

Wir können also eine Menge tun, um der Sklaverei ein Ende zu bereiten. Wenn wir wollen. Wollen wir? Und: wo? Vielleicht sollten wir nicht (nur) bei der Globalisierung damit beginnen, sondern vor der eigenen Haustür anfangen, bei unmoralischem Handeln nicht wegzusehen.

Eine Kollegin, Lehrerin, berichtet zum Beispiel von einem Mädchen der neunten Klasse, das einen Selbstmordversuch beging. Als sie an die Schule zurückkam, wurde sie von ihren Altersgenossen, Jungs wie Mädchen, als »Weichei« und »Opfer« beschimpft. Das ist das Beunruhigende an der Unmoral. Sie treibt nicht nur ganz weit weg, in der großen, weiten Globalisierung, ihr Unwesen. Betrachten wir im Folgenden ein schlimmeres Beispiel. Ein Beispiel, das uns näher ist. Wenn wir solche »nahen« Beispiele in ihrer monumentalen Mechanik der Unmoral erkennen, verstehen und verändern können, dann können wir das vielleicht auch bald mit den ferneren Beispielen wie der Sklaverei der Globalisierung.

## Wer Sterbende beklaut

Der Sohn muss für die horrenden Kosten der Therapie des sterbenden Vaters dessen Unternehmen verkaufen. Der in Deutschland lebende Vater macht in den USA eine von keiner Kasse übernommene Krebstherapie, die sein Leben um einige Monate verlängern könnte. Also muss er verkaufen.

Das Unternehmen ist nach Schätzung der Gutachter rund zwei Millionen wert, die große und reiche Verwandtschaft sehr daran interessiert. Sie macht dem Sohn ein Angebot über 500 000 Euro. Der Sohn ist entsetzt:»Die wollen uns über den Tisch ziehen! Die beklauen einen Sterbenden! Die treiben Vater in den Tod!«

Die Verwandtschaft sieht das anders:»Was erwartet er denn? Wer verkaufen *muss*, sollte damit rechnen, dass der Preis in den Keller geht!« Wir erkennen unschwer die Parallelen zur Sklavenhalter-Mentalität: »Was kann ich dafür, wenn der Lieferant des Lieferanten für mein T-Shirt Sklaven auf die Baumwollfelder treibt?«

Üble Verwandtschaft? In der Tat. Reicht diese moralische Empörung? Das fragen sich der wachgerüttelte Sklavenhalter und auch der Sohn in unserem Beispiel. Er sagt:»Mein Cousin, mein bester Freund aus Kindertagen, macht bei dieser Abzocke mit – und nicht nur passiv. Seit 40 Jahren verstehen wir uns blind und telefonieren jede Woche miteinander – in letzter Zeit mit schlechtem Gewissen meinerseits. Aber was kann ich schon tun? Ich kann doch nicht meine ganze Verwandtschaft auf den Pfad der Tugend zurückführen!« Das ist die Urfrage der Moral: Was sollen wir tun?

> »Die Industrialisierung hat die Welt verändert und führt sie immer weiter weg von den Fundamenten der menschlichen Zivilisation.«
>
> *Martin Mosebach, Schriftsteller*

Was sollen wir tun? Angesichts einer im Sinne des Wortes mörderischen Verwandtschaft oder einer ebenso mörderischen Globalisierung löst diese Frage bei den meisten von uns neben vereinzeltem Mitgefühl auch und vor allem Hilflosigkeit, Wut oder Frustration aus. Unser spontaner Impuls ist, solche »negativen« im Sinne von »belastenden« Gefühle zu verdrängen. Aber: Solange wir sie verdrängen, bleiben wir Sklavenhalter.

## Affektkompetenz

Was haben Sie bei dem Beispiel eben empfunden? Und was haben Sie empfunden, als Sie erkannten, dass »Sklaven der Globalisierung« keine Metapher ist?

Niemand fühlt sich gerne hilflos, wütend oder frustriert. Also meiden wir diese Gefühle, so gut wir können – meist ganz unbewusst. Das ist das evolutorische, also genetisch bestimmte (wir können nichts dafür) Lustprinzip: Lustvolles suchen, Frustvolles vermeiden. Lust ist kurzfristig immer gut und langfristig immer etwas teuer. Denn es ist schwierig, sich ohne gelegentliche Entrüstung moralisch zu verhalten: Es fehlen dann ein Auslöser und eine Triebkraft für das moralische Handeln. Wem alles völlig egal ist, der findet für jede Unmoral eine vernünftig klingende Erklärung: »Warum macht die Regierung nichts dagegen? Ich weiß doch auch nicht, was man tun soll.«

Moralempfinden bedeutet Affektempfinden.

Das können und wollen wir anscheinend häufig nicht mehr. Nicht, weil wir es nicht aushalten könnten. Sondern weil es in der westlichen Kultur als schwach, unmodern und masochistisch gilt, belastende Gefühle zu empfinden. Unsere Kinder machen es uns vor: Mitleid mit der selbstmordgefährdeten Mitschülerin (s. o.) zu zeigen wäre vom Klassenverbund als Schwäche ausgelegt und stigmatisiert worden. Also zeigt man (Schein-)Härte. Gegen andere. Dass man damit dafür sorgt, dass das eigene Gefühlsleben verödet, realisieren die wenigsten, die Gefühle verdrängen – das verstünde man nur mit ausreichender Affektkompetenz, also der Fähigkeit zur Wahrnehmung und zum Umgang mit Gefühlen (Affekten). Platt formuliert: Wer eine selbstmordgefährdete Klassenkameradin als »Weichei« verspottet, findet nachher auch nichts dabei, Sklaven zu halten. Wer Gefühle verdrängt, verdrängt auch die dazu passenden Gedanken. Diese Doppelverdrängung hat Folgen:

> »Wenn Leute Schmerz verneinen, dann müssen sie kompensieren
> durch Gewalt, durch Erobern, durch Heldentaten.«
>
> *Arno Gruen in* Hass in der Seele

Die spottenden Schülerinnen und Schüler tun das. Im Grunde kompensieren sie die Verdrängung ihrer eigenen Menschlichkeit, indem sie ein Opfer drangsalieren. So gesehen ist empfundener Schmerz der Anfang der Menschlichkeit, der Moral und gleichzeitig der affektiven Autonomie, der Übereinstimmung mit den eigenen Gefühlen – und das Ende der Sklaverei. Wer beim Überstreifen eines Sklaven-T-Shirts Unbehagen verspürt, wird eher der Sklaven gedenken und irgendwann handeln als jemand, der bereits dank Erziehung und Kultur so weit von seinen eigenen Gefühlen entfernt ist, dass er/sie gar kein Mitgefühl mehr spürt – dafür umso stärker Lust und Kompensationswut (Kompensation ist eine Form der Aggression). Dass der moderne Sklavenhalter so mittelbar nicht nur die Sklaven schädigt, sondern auch sich selbst, wird oft übersehen:

Wer nicht moralisch ist, kann auch nicht authentisch sein – und umgekehrt.

Das verbindet den Schülerselbstmordversuch mit der bösen Verwandtschaft und den Sklaven der Globalisierung: Gefühlskälte, Gleichgültigkeit gegenüber den eigenen Gefühlen und Empfindungen, Verdrängung. Nur wer verdrängt, kann Sterbende schädigen und Sklaven halten. Darin liegt umgekehrt die große Chance der Moral: Sie macht uns erst schwach und verletzlich, danach authentisch und stark. Per aspera ad astra. Wie aber gelangen wir durch das Tal des (Mit-)Leidens zu den Sternen?

## Die Wahl

Nach reiflicher Erwägung bricht der Sohn des kranken Vaters den Kontakt zum Cousin ab: »Ich kann das nicht länger mit meinem Gewissen vereinbaren.« Er weiß es nicht, doch das ist der Augenblick der Moral. Moral ist kein Glaube, sondern eine Entscheidung, eine Wahlhandlung.

Seitdem redet der Cousin hinter seinem Rücken schlecht über ihn. Der Sohn weiß das. Er erträgt es tapfer. Der Cousin trifft eine andere Wahl. Er gibt dem Geld den Vorzug. Er wird das zum Verkauf stehende Unternehmen schließlich für 750 000 Euro erwerben, die Fabrik einreißen und auf dem Gelände ein Investitionsprojekt hochziehen, das ihm und der Verwandtschaft einen Millionengewinn verspricht. Er hat Erfolg. Was hat der Sohn?

Ein ruhiges Gewissen. Tapferkeit. Familiensinn. Barmherzigkeit, Mitgefühl, Charakter. Ein gutes, erfülltes Leben – im Unterschied (Gegensatz?) zum erfolgreichen, statuskonformen Leben des Cousins.

Das bietet uns die Moral an: eine unbarmherzige und befreiende Entscheidung.

Der Cousin entscheidet sich für Geld und Vermögen und der Sohn für Anstand und Familiensinn. Ganz prosaisch betrachtet hatte jeder die Wahl: Proband A entscheidet sich für Option 1, B für Option 2. Was sind die Bedingungen dieser Wahl?

Man könnte wohlwollend für den Cousin argumentieren, dass seine Wahl gar nicht frei geschehen ist. Denn wer einem Sterbenden das letzte Hemd auszieht, hat vielleicht aufgrund von Geld- und Geltungssucht schon jegliche moralische Sensitivität verloren. Der arme, suchtkranke Cousin also!

Diese Argumentation mag durchaus zutreffend sein, denn der Cousin kann tatsächlich an einer schweren Psychose leiden und jede Empathie für andere verloren haben. Er kann aber auch »nur« ein eiskalt kalkulierender Opportunist sein, der jeden Vorteil für sich nutzt. Im Gegensatz zum Psychopathen erkennt er dann sehr wohl die negativen Folgen seiner Handlung für andere, nimmt diese aber billigend in Kauf. Die Parallelen zur Unternehmenswelt sind erschreckend. Auch dort wissen Manager zumeist um die nachteiligen Auswirkungen ihrer Entscheidungen auf andere, rechtfertigen diese aber mit dem Verweis auf den harten Wettbewerb, dass alles dem Wohle des Unternehmens untergeordnet sei oder mit der stärksten aller Selbstberuhigungspillen: Mir sind die Hände gebunden, ich kann da nichts machen. Dienst ist Dienst! Erkennt man den Vorrang dieser Argumente an, führt das zu einem Moralrelativismus, zu einer beliebig erscheinenden Relativierung der Moral, mit fatalen Folgen: Indem man Menschen aus der Verantwortung für ihr Tun entlässt, verurteilt man sie zum hoffnungs- und ausweglosen Leben als Opfer und zur Reflexionsvermeidung in Sachen Moral. Es gibt eine eigene Disziplin, die Viktimologie, die »Opferforschung«, die das untersucht. Rudimentäre Kenntnisse dieser Disziplin sind ganz nützlich, wenn man es mit der Globalisierung zu tun hat. Oder mit Cousins.

Dass die Entschuldigung des Cousins nicht funktioniert, beweist eindrucksvoll der Sohn. Auch seine Wahl ist alles andere als frei. Denn, unter uns gesagt, ist der Vater nicht gerade ein umgänglicher Mensch. Und das bislang gute Verhältnis zum Cousin hatte der Sohn auch deshalb, weil er ihm seit frühester Kindheit näher stand als dem eigenen Vater. Deshalb überrascht sein neu entdeckter Familiensinn. Ich wollte den Grund für seine Entscheidung wissen. Er verwies auf ein verblüffend triviales Kalkül seiner Wahlentscheidung: »Ich habe mich gefragt, was meine Entscheidung aus mir macht.«

Moralentscheidungen werden leichter, wenn wir uns fragen: Was macht die Wahl aus mir? Gefällt mir das? Bin ich das? Will ich das sein? Entspricht das meiner Pose, dem sozialen Erwartungsdruck, meinem Image, einer Sucht, meiner Identifikation mit irgendwelchen Ideologien? Oder ist es mein eigener, authentischer Wunsch, das zu tun, was ich tun will? Bringt es mich mir selber näher oder entfremde ich mich damit von mir selbst? Welchen meiner Persönlichkeitsanteile bringt es mich näher? Sind es jene, denen ich näherkommen möchte?

Das sind im Unterschied zur so berüchtigten wie individuell-rational eher nutzlosen Pro-Kontra-Überlegung Fragen, die sich zwar nicht mit dem Verstand beantworten lassen, mit denen man aber eine verstandesmäßige Überlegung ethisch kultivieren kann und sollte.

## Unrecht Gut gedeihet doch

Der Cousin aus unserem Beispiel ist kein Unmensch. Wie alle Menschen, die keine Psycho-, Soziopathen oder Gefühlslegastheniker sind, hat auch er bei seiner Wahl kein wirklich gutes Gefühl – wie wir alle, wenn wir uns für Erfolg statt für Ethik, für die Jeans und gegen die Sklaven entscheiden. Was fangen wir in der Regel mit diesem unguten Gefühl an?

Auch die Teilnehmer an Milgrams Töte-den-Probanden-Experiment hatten ein ungutes Gefühl, als der Versuchsleiter ihnen befahl, einen Probanden (einen Schauspieler!) mit (vorgetäuschten) Stromstößen zu töten: Sie zitterten, schwitzten, zeigten intendierte Fluchtbewegungen, manche hatten sogar Magenkrämpfe. Aber zwei Drittel drückten dennoch den Knopf.

So machen wir das. Wir empfinden zwar das Moraldilemma geradezu körperlich. Doch wir stellen uns diesem schmerzhaften Moralempfinden nicht. Lieber geben wir den Schmerz an andere weiter: lupenreine Kompensation. Oder wir verdrängen. Wir rationalisieren, bagatellisieren oder lenken uns mit ein paar Klicks im Internet, einem Kaffee oder einer Zigarette vom Unbehagen ab. Der Volksmund behauptet zwar, dass ein ruhiges Gewissen ein gutes Ruhekissen sei, aber das ist Wunschdenken: Die meisten Menschen, die ihr Unrechtsbewusstsein verdrängen, schlafen wie die Murmeltiere. Es sind umgekehrt jene, die »sich einen Kopf machen«, die sich morgens um vier drängende Gewissensfragen nach ihrer Rolle als Sklavenhalter stellen, die unter Schlafproblemen leiden. Der Sohn des sterbenden Vaters entschied sich nicht wegen seiner ungestörten Nachtruhe für die Familientreue.

Er entschied sich dafür, weil er fürchtete, was eine andere Wahl seiner Ansicht nach aus ihm gemacht hätte: einen Verräter und Opportunisten. Keine Frage: Opportunisten geht es in diesem unserem Wirtschaftssystem tendenziell glänzend. Trotzdem entschied sich der Sohn dagegen: Er nahm sich die Freiheit.

Der Cousin nahm sich seinerseits die Freiheit der Gewinnerzielung. Und weder hinderte ihn jemand daran, noch wurde er dafür bestraft: Unrecht Gut gedeihet nicht? Wenn das wahr wäre, gäbe es keine Kapitalismusexzesse. Der Cousin machte ein Mordsgeschäft. Viele

Menschen sehen das als bodenlose Sauerei an: »Die Welt ist ungerecht!«
Ja, natürlich ist sie das. Aber das ist nicht der Punkt.
Der Punkt ist nicht Ungerechtigkeit, sondern Freiheit – wie wir
gleich sehen werden.


## Eine schwindelerregende Freiheit

Angenommen, wir lebten in einem Universum, in dem der Cousin
wegen seines Verhaltens seine gerechte, schicksalhafte Strafe emp-
fangen würde – wie jeder Sklavenhalter auch. Ein Universum, in dem
Unmoral letztendlich, absehbar und ausnahmslos ökonomisch, sozial
oder anderweitig bestraft würde. Jeder, der Sterbende übervorteilen oder
Jeans aus Sklavenarbeit kaufen wollte, würde das in diesem Universum
doch lieber bleiben lassen, weil er mit seinem absehbar sanktionierten
Verhalten sein Lebenseinkommen oder sein Ansehen schmälern
würde. Moral oder Unmoral wäre keine Frage. Die Wahl würde sich
nicht stellen. Der Cousin würde ein »anständiges« Gebot für die Firma
abgeben – weil er durch die drohenden Konsequenzen der Alternative
quasi dazu gezwungen wäre. Ergo: Es bestünde ein ökonomischer oder
sozialer Zwang zur Moral und damit keine freie Wahl. Es gäbe keine
Sklavenhalter der Globalisierung, weil sich das nicht lohnen würde.

Alternativ angenommen, wir lebten in einem Universum, in dem
persönliche Reife nicht nur qua Sozialkonsens als das höchste Gut
menschlicher Entwicklung gälte, sondern auch ökonomisch belohnt
werden würde – kein Mensch würde sich für Unmoral oder Sklaverei
entscheiden, weil es sich einfach nicht lohnen würde. Auch hier gäbe
es keine Wahl. Weder für den Cousin noch für den Sohn noch für po-
tenzielle Sklavenhalter.

Weiter angenommen, in einem dritten Universum würde ethisches
Verhalten nicht nur mit weniger Erfolg, sondern auch noch mit einem
Verlust persönlicher Integrität einhergehen – kein Mensch würde sich
noch für Moral entscheiden! Ebenfalls: keine Wahl.

Ein erstaunlicher Aspekt der menschlichen Existenz ist: Wir leben
offensichtlich in keinem dieser drei Universen.

Wir leben vielmehr in einem vierten Universum, in dem Moral und Unmoral zwar jeweils Konsequenzen nach sich ziehen und gewisse Voraussetzungen erfordern, aber keine so folgenschweren, dass sie unsere Wahl unter verständiger Würdigung der Umstände verhindern könnten: Diese Wahl ist vielleicht nicht voraussetzungslos oder bar jeder Konsequenz, aber sie ist möglich und machbar. Wenn ich mir der Handlungsalternativen bewusst bin, kann ich mir jede Minute meines Lebens die Frage stellen: Was wähle ich?

Bezahle ich dem sterbenden Verwandten einen fairen oder den Marktpreis? Kaufe ich die Sklaven-Jeans oder eine andere?

Ich kann mir jederzeit die Freiheit nehmen (nehmen muss ich mir sie), mich für Moral oder Unmoral zu entscheiden. Die eine Option ist so zugänglich wie die andere. Also warum sollte ich mich für Moral und gegen die Sklaverei entscheiden?

## Das Pascal-Kalkül

Der Cousin könnte sich jederzeit auf die Seite des Sohnes schlagen und umgekehrt. Niemand könnte es verbieten. Genauso wenig kann man uns verbieten, Sklaven zu halten (deshalb gibt es die moderne Sklaverei noch). Manchmal wird uns die Entscheidung für oder gegen die Moral schwerfallen, manchmal leicht. Manchmal wird sie viel Mut erfordern, manchmal weniger. Oft werden wir schwerwiegende, häufig triviale Konsequenzen zu tragen haben – aber niemand pfuscht uns in diese Entscheidung hinein.

Noch kein Käufer von Gütern aus Sklavenarbeit wurde je dafür von der Globalisierung belangt. Jeder Sklavenhalter bekommt bei jeder neuerlichen Entscheidung zwischen Moral oder Unmoral wieder die ultimative und unbegrenzte Freiheit der absolut autonomen Entscheidung. Niemand zwingt uns, das faire oder das andere Handy zu kaufen, außer vielleicht ökonomische und soziale Zwänge, die in vielen Fällen jedoch Vorwand sind und nicht Grund. Das Perverse an der Globalisierung ist, dass derjenige, der im Kongo das Coltan für das andere Handy schürft, zumeist keine Wahl hat. Er wird mit vorgehaltener Waffe dazu gezwungen. Will er nicht als unbemerkter Märtyrer sterben, ist seine Handlung – Sie entschuldigen das neudeutsche Wort – alternativlos.

Selbst auf dieser Ebene ist die Globalisierung ein Nullsummenspiel. Sie erinnern sich an Regel 4 (s. Kapitel 6)? »Der eine gewinnt, der andere verliert. Es müssen viele Faktoren zusammenkommen, um eine solch perfekt perfide Logik am Laufen zu halten – so viele, dass man fast einen höheren Plan dafür verantwortlich machen möchte. Das allerdings wäre – genau – die eben diskutierte billige Entschuldigung. Wer eine schicksalhafte Fügung für diese Missstände verantwortlich macht, der sucht nur nach Ausreden.

Doch es gibt auch andere Möglichkeiten der inneren Rechtfertigung, wie das Beispiel des Cousins zeigt. Er fragt sich vielleicht schlicht und einfach: Wenn Unmoral nicht bestraft wird, warum sollte ich dann überhaupt die Moral wählen? Blaise Pascal hat dazu ein elegantes Kalkül ausgegeben; leicht variiert:

> Wenn ich mich moralisch verhalte und es stellt sich heraus, dass es eine höhere Macht oder äußere Umstände gibt, die das belohnen, dann habe ich nach den Vorstellungen dieser Macht und dem Kalkül der Nutzenmaximierung alles richtig gemacht. Wenn ich mich moralisch verhalte und es gibt diese höhere Macht und diese lohnenden Umstände nicht, hat mich mein Verhalten wenigstens zu einem besseren Menschen gemacht.

Es ist bezeichnend, dass ein Mathematiker – und kein Theologe oder Psychologe – diese Dichotomie aufstellte (es ist eine These, kein Beweis). Die Grenzenlosigkeit unserer Wahlfreiheit in dieser einen Frage ist von geradezu mathematischer Präzision: Wir haben unter allen Umständen diese eine Wahl. Wir sind vielleicht nicht immer frei in unseren ökonomischen, gesundheitlichen oder sozialen Entscheidungen. Aber für diese eine Wahlentscheidung ist der Mensch mit der ultimativen Freiheit ausgestattet.

In einem Multiversum aus unendlich vielen mathematisch-theoretischen Möglichkeiten landen wir ausgerechnet in einem Universum, in dem wirklich alles Gute und Nützliche begrenzt zur Verfügung steht – bis auf eine einzige Wahl, die wir zumeist in grandioser Freiheit treffen können? Das ist ziemlich beeindruckend. Ist es Zufall?

## Kein Zufall

Was, wenn diese einmalige Freiheit in dieser einen Frage nicht zufällig so absolut und einmalig gegeben ist? Was, wenn ebendiese Einmaligkeit und Grenzenlosigkeit darauf hinweisen könnte oder gar soll, dass es sich bei dieser Frage um die wichtigste Frage des menschlichen Lebens handelt? Nämlich:

Mensch, was wählst du?

Die Bedeutung dieser Frage für unser Leben wird noch größer angesichts der Fülle der Gelegenheiten, die wir täglich bekommen, diese Wahl zu treffen. Das Leben, das Universum, das »Design« muss wohl eine Absicht haben, wenn es uns – von den meisten unbemerkt – praktisch alle fünf Minuten vor diese Wahl stellt. Gehen wir noch einmal zum Sohn des todkranken Unternehmers zurück.

Als sein Cousin wieder einmal anruft, hat der Sohn die Wahl, das Gespräch anzunehmen oder am Handy wegzudrücken. Er hat die Wahl, den Cousin anzupflaumen oder es noch einmal mit gutem Zureden zu versuchen. Dass solche praktisch alle fünf Minuten an uns gestellten Wahlaufforderungen im verhetzten Alltag meist ignoriert werden, bedeutet nicht, dass es sie nicht gäbe. Aber auch hier haben wir die freie Wahl: Wir können uns dem Wahlaufruf stellen oder Zeitmangel, Stress, Überlastung und Gedankenlosigkeit vorschützen. Niemand hindert uns an dieser Wahl oder bestraft uns für den Wahlboykott. Dabei ist es noch nicht einmal nötig, diese Wahl aktiv auszuüben. Es reicht schon, wenn wir uns ihr stellen.

> »Die Aufgabe des Lebens besteht nicht darin, auf der Seite einer Mehrzahl zu stehen, sondern dem inneren Gesetz gemäß zu leben.«
>
> *Marc Aurel*

Es ist womöglich nicht unsere Aufgabe oder gar unsere Herausforderung oder Prüfung, ein moralisches Leben zu führen. Es ist allein der Versuch, der zählt. Der »Versuch, in der Wahrheit zu leben«, wie Vaclav Hável es formulierte. Es könnte sein, dass es lediglich auf diesen Versuch ankommt und dass wir allein an diesem Versuch gemessen werden. Damit dies nicht in der Abstraktion verbleibt, hier ein Beispiel:

## Das Alleinerziehenden-Exempel

Eine Frau, alleinerziehend, von Hartz IV lebend, sagt: »Ich würde so gerne Eier kaufen, für die Hühner nicht gequält werden. Aber das Geld reicht einfach nicht. Also kaufe ich so wenige Eier wie möglich und bedenke bei jedem Pfannkuchen, den die Kinder samstags so gerne essen, das Los der armen Kreatur.«

Nach dem Hável-Moralkriterium (s. o.) verhält sich diese Frau moralisch zumindest gleichwertig zu jemandem, der seit Jahren ausschließlich tierschutzrechtlich korrekte Nahrungsmittel kauft, weil er es sich leisten kann. Ich glaube das, weil der Umkehrschluss der Gipfel der Unmoral wäre: Ethisch kann sich nur verhalten, wer genug Geld hat – oder auf Pfannkuchen verzichtet.

Moral entsteht womöglich schon dadurch, die eigene Hilflosigkeit angesichts des moralischen Imperativs nicht zu verdrängen, sondern sowohl Wahl als auch Hilflosigkeit standhaft oder in Demut, trotzig, gelassen oder stolz zu ertragen. Ein exzentrischer Gedanke. Warum kommen uns solche Gedanken so selten?

Ich möchte nicht reaktionär klingen, aber früher saß man mindestens eine Stunde die Woche in der Kirche, und wenn man schon nicht dem Pfarrer zuhörte, so hatte man doch genügend Zeit und Muße, über gewisse Dinge des Lebens in aller Ruhe nachzudenken; wenn man wollte. Darauf wird heute größtenteils verzichtet, wie die Kirchenbesuchsstatistik verrät, wobei dieser Verzicht nicht durch eine Verlagerung der kontemplativen Übung in einen anderen Kontext kompensiert wird: Ich sehe relativ wenige Menschen im Fitnessstudio über den Sinn des Lebens nachdenken oder sprechen.

Eine Kollegin, die ähnlich empfindet, regte ein kontemplatives Familienritual an:»Wir haben es uns zur Übung gemacht, nach dem Abendessen nicht alle sofort aufzuspringen und vor den Fernseher, in die Küche, an den PC oder wieder zum Smartphone zu rennen, sondern die grundsätzlichen Dinge zu besprechen. Wirkt Wunder für die Familienmoral.« Und die Kinder spielen mit?

Die ersten Wochen nicht. Als sie aber feststellten, dass bei Mama und Papa am Küchentisch ein sehr viel angenehmeres Gesprächsklima und sehr viel mehr gegenseitiger Austausch zu haben war als beim Spielen auf dem Smartphone, blieb eines nach dem anderen ebenfalls länger am Tisch. Warum ist Kontemplation auch moralischer Fragen die Ausnahme?

## Die Vergleichsdiktatur

Nicht viele Menschen bleiben heutzutage am Küchentisch sitzen und besprechen Fragen von ethischer Dimension wie zum Beispiel:»Wie lange wollen wir noch Sklaven halten?« Warum wird nicht gefragt? Weil wir anderes zu tun haben. Dringend. Nämlich nach Selbstwert und sozialer Anerkennung zu jagen, auch als Facebook-Psychose bekannt.

Die Soziologin Eva Illouz meint dazu im Gespräch mit Journalistin Nataly Bleuels:»Es ist die Gesellschaft der Moderne, die beim Einzelnen ein permanentes Defizit an Selbstwertgefühl und Anerkennung erzeugt. (...) Aber das liegt weniger am Einzelnen als daran, dass wir uns dauernd vergleichen und vergleichen lassen müssen. Weil wir uns dauernd in Konkurrenz befinden und unser Wert bemessen wird.« Wir leben im Zeitalter des Vergleichs: Wer sich mit Statusvorgaben vergleicht, beschäftigt sich mit Status und Vergleich, nicht mit Moral. Ein sogenanntes Crowding-out: Status verdrängt Moral.

Was scheren mich Familienfriede, Sklaverei oder Moral, wenn Steffen, dieser Blödmann, drei virtuelle Freunde mehr hat als ich? Da muss ich unbedingt gleichziehen! Erst kommt Facebook, dann die Moral. Wobei ich mich für die polemische Benutzung des Markennamens entschuldige: Die meisten Manager spielen das Spiel nicht mit Facebook, sondern mit ihren Firmenwagen. Und glauben Sie bloß nicht, unter Professoren gäbe es keinen Statuswettkampf. Paradox ist es trotzdem: Wir verdrängen auf der Jagd nach Vergleichsbelohnung ausgerechnet das, was uns von der Vergleichsdiktatur befreien könnte.

Der schnellste, aber nicht unbedingt leichteste Weg aus dem Hamsterrad des ewigen Vergleichens ist die Moral. Wer ethisch handelt, macht sich unabhängig von äußeren Vergleichen und erreicht eine andere Ebene.

## Chancen der Moral

Moral wird gemeinhin als lässliche Pflicht, lästiges Übel, vermeidbarer Aufwand oder Quantité Négligeable, als vernachlässigbare Größe, betrachtet. Was dabei übersehen wird, sind die Früchte der Moral. Und damit meine ich nicht das gute Gewissen, ein erfülltes Leben oder die erlösende Gewissheit, richtig gehandelt zu haben. Nein, eine ethische Grundhaltung verschafft Vorteile, die gerade in unseren modernen Tagen massiv an Bedeutung gewonnen haben.

Der Wissenschaftsjournalist Jan Körfer schreibt dazu:»Unser Alltag ist ein einziger Angriff auf unsere Autonomie, es gibt immer weniger Nischen, in denen man sich noch selbstständig und frei fühlen kann. (...) In kaum einem Teil unseres Lebens sind wir noch selbstbestimmt und nur uns selbst Rechenschaft schuldig.«

Kein Wunder, dass manche die Moral für sich entdecken: Da handelt man wenigstens noch selbstbestimmt, nur sich selbst Rechenschaft schuldend – und nicht dem verdammten, nimmersatten Peer Pressure, dem Aufwärts- oder Abwärtsvergleich und dem Statusdruck. Oder wie ein Absolvent angesichts etlicher Kommilitonen meinte, die sich für die konventionelle Karriere entschieden hatten:»Macht ihr nur Marketing oder Finance – ich mache was Richtiges.« Er heuerte bei einer Non-Government Organization an. Der Spott (und Neid) der Kolleginnen und Kollegen war ihm sicher – aber auch eine diesen Spott überragende

Gewissheit: Ich tue das Richtige! Wer kann das heutzutage noch von sich behaupten? Und macht diese Erkenntnis nicht wunderbar gelassen, zufrieden und frei?

»Vacare culpa magnum est solacium. «

*Cicero*

Übersetzt: Frei von Schuld zu sein ist ein großer Trost. Insbesondere Frauen scheinen das zu wissen. Täusche ich mich, oder haben in den letzten Monaten wirklich so viele noch vor Kurzem für ihr Vordringen in männliche Regionen gefeierte Frauen ihre Vorstandsposten teilweise Knall auf Fall verlassen?

Inzwischen pfeifen es die Magazine von den Headlines: Die Frauenquote ist problematisch, weil es längst nicht so viele moralische Jobangebote wie integre Frauen gibt. Selbst unter vorgehaltener Waffe kriegt man viele nicht dazu, das zu tun, wofür sich (längst nicht alle) Männer verbiegen. Sicher kennen Sie auch den von ausscheidenden Topmanagerinnen hinter vorgehaltener Hand häufig geäußerten Spruch: »Diese Spielchen muss ich mir nicht länger antun!«

Lange vor diesen selbstbestimmten Frauen gab es natürlich schon viele eben nicht dem männlichen Stereotyp der unbedingten Karriereorientierung entsprechende Männer, die sich gegen Spielchen und für Selbstbestimmung, Freiheit, Sinnerfüllung und Autonomie entschieden (weshalb rein empirisch betrachtet beide Geschlechter vergleichbar moralisch sein dürften – wenn man das mal vergleichen möchte). Aber bleiben wir bei den Frauen.

Neulich wurde eine Marketingleiterin herumgereicht, die ihren Job mit der Begründung aufgegeben hatte: »Ich sehe keinen Sinn darin, abends um acht noch die HKS-Schattierung für ein neues Firmenlogo zu diskutieren, wenn alle fünf Minuten ein Kind auf der Welt verhungert.« Sie kündigte ihren mehr als gut bezahlten Job und unterstützt heute als selbstständige PR-Beraterin unter anderem caritative Einrichtungen. Das machen inzwischen auch viele Männer: sich dem Sinn zuwenden. Das unschöne Wort von der »Karriereverweigerung« macht die Runde.

So gesehen hat der Fachkräftemangel weniger mit der Quantität der zur Verfügung stehenden Kandidaten, sondern viel mehr mit der Qualität der angebotenen Arbeit zu tun. Die Fachkräftekrise kann auch als Sinn- und Moralkrise interpretiert werden. Früher hat man sich eben überwunden, weil man das Geld und den Status brauchte. Heute kann der aufgeklärte Bewerber dem Arbeitgeber, dessen Jobangebot er für wenig sinnhaft oder gar moralisch fragwürdig hält, den Finger zeigen. Einige Unternehmen haben das schon erkannt. Man kann in diesem Zusammenhang ansatzweise bereits von Moral-Marketing reden à la:»Unsere Jobs machen Sinn, dienen der Allgemeinheit und bieten Chancen zur persönlichen Entfaltung und Entwicklung!«

Immer mehr Menschen wollen heute im Beruf wie im Leben persönlich weiterkommen, aber nicht unbedingt Karriere machen: Weiterkommen ist nicht mehr dasselbe wie»Karriere«. Das ist ein kleiner Schritt zum Paradigmenwechsel.

## Das Ende der Statusgesellschaft

Wenn ich mich unter Zeitgenossen und Soziologen umhöre, höre ich nicht nur abseits des Mainstreams immer häufiger Äußerungen, die nicht nur eine Abkehr vom verbreiteten Statusdenken signalisieren, sondern auch einige Beweggründe für diese Abkehr artikulieren:

- »Status ist so 90er! Karriere, Firmenwagen, Haus, Frau (respektive: Mann) und Kind sind mir zwar wichtig. Aber wichtiger ist mir persönliche Zufriedenheit.«
- »Ich will schon einen guten Job. Wobei ›gut‹ nicht in erster Linie ›gut bezahlt‹ bedeuten muss. Hauptsache, er macht Sinn und es macht Spaß.«
- »Natürlich ist das Gehalt wichtig. Aber wichtiger ist mir, etwas zu bewegen und Verantwortung zu übernehmen.«
- »Ich würde nicht unbedingt bei einem Umweltsünder anheuern …«

• »Ich suche eine Position, die sich meinem Leben anpasst – nicht umgekehrt.«

Sinnhaftigkeit und Freude bei der Arbeit bekommen immer mehr, wenn nicht in Teilen der (jungen) Bevölkerung bereits existenzielle Bedeutung. Geld und Karriere erfahren im gleichen Atemzug einen Bedeutungsverlust als Sinngeber. Jetzt werden Sie sagen, dass es seit jeher Eremiten, Aussteiger und Eskapisten gab, die dem Materialismus abschworen, um sich höheren Werten zu widmen. Doch der entscheidende Unterschied dabei ist: Diejenigen, die heute in wachsender Zahl nach Sinn suchen, suchen ihn nicht außerhalb des etablierten Gesellschaftssystems. Sie verabschieden sich nicht von Institutionen wie Universität, Beruf und Familie, anders etwa als die Hippies in den 60er-Jahren. Sie bleiben drin mit dem Anliegen, das »System« für sich und andere ein wenig menschlicher zu machen.

> »Nichts erfordert mehr Charakter, als sich in offenem Gegensatz
> zu seiner Zeit zu befinden und laut zu sagen: Nein!«
>
> *Kurt Tucholsky*

Anders als etwa die Hippies vor ihnen, die den offenen Gegensatz ihres »Andersseins« nach allen Regeln der Kunst betonten, könnte man heute von einem angepassten Anderssein sprechen. Unweigerlich stellt sich damit jedoch die Frage: Genügt dieses konformistische Anderssein, um die moderne Sklaverei zu beenden? Dazu gibt es drei Antworten, meint Albert J. Bernstein.

## Rebellen, Wettkämpfer, Gläubige

Albert J. Bernstein, US-Organisationspsychologe, Bestsellerautor *(Emotional Vampires at Work)* und Psychotherapeut unterscheidet berufstätige Menschen aller Hierarchieebenen nach drei Kategorien: Gläubige – Rebellen – Wettkämpfer (Believers, Rebels, Competitors).

Wie bei jeder Typologie gilt: Sie ist heuristisch, also eine methodische Annahme und nicht abschließend, und wir alle zeigen je nach Kontext und Tagesform Elemente aller drei idealtypischer Verhaltensweisen. Welche erkennen Sie an sich? Der Believer glaubt an harte Arbeit, Fairness, Ehrlichkeit und Moral. Er ist das Rückgrat von Familie, Unternehmen und Rechtsstaat und regelmäßig schockiert darüber, dass harte Arbeit eben nicht (immer) entsprechend belohnt, sondern der hart Arbeitende eher ausgenutzt wird. Von den Opportunisten, die mit seiner Leistung Karriere machen. Es versteht sich von selbst, dass sich diese Opportunisten nicht als solche verstehen, sondern als Wettkämpfer. Diese sind weniger an harter Arbeit als daran interessiert, dass die Dinge und sie selber möglichst schnell, möglichst auf Platz 1 vorankommen. Deshalb bedienen sie sich ohne Gewissensbisse auch bei den Believern:»Wieso nicht? Macht doch jeder. Außerdem: Wenn er selber seine Leistung und seine Verdienste nicht nutzt, um voranzukommen ...!«»Pleasing the Boss« ist ihre Spezialität. Denn sie wissen:»Wenn der Boss mir wohlgesinnt ist, kommen meine Projekte und meine Karriere voran.« Dieses Denken ist dem Rebellen fremd.

Der Rebell ist von exzellenter fachlicher Kompetenz und deshalb regelmäßig befremdet, wenn er Believer»über Werte schwafeln« hört oder von Wettkämpfern gesagt bekommt, was er zu tun hat:»Die haben doch fachlich keine Ahnung, diese Weicheier und Karrieristen!«

Die Bernstein-Typologie ist griffig, probat und amüsant. Jede(r) erkennt darin spontan sich, Kollegen, Kinder, Beziehungspartner, Vorgesetzte und Kunden. Das Amüsement über diese Typologie schwindet rapide, wenn wir über ihre Moralimplikationen nachdenken.


## »Moral ist was für Weicheier!«

Ob wir nun Sterbende über den Tisch ziehen oder die Tatsache verdrängen, dass für viele unserer Gebrauchsgüter Sklaven bluten müssen – das hat zunächst weniger mit unserem Charakter und unserer Moral zu tun, sondern viel mehr mit unserem Typ.

Ich glaubte lange Zeit, dass jeder »normale« Mensch, also exklusive Psychopathen, vielleicht über ein rudimentäres, aber doch über ein vorhandenes Moralempfinden verfügt. Die Überlegungen von Psychologen wie Bernstein zeigen nun: Es gibt kein »normal« – und damit auch keine von allen gleich wahrgenommene Moral. Natürlich gibt es Moral normativ: »Du sollst nicht töten!« Das sollte eigentlich für alle Menschen gelten. Leider erfahren wir täglich: Dass es verboten ist, hält einige nicht davon ab, das Verbotene zu tun. Wir alle fallen hin und wieder der Versuchung anheim, es mit der Moral nicht so ernst zu nehmen. Wir alle? Bernstein ist da anderer Meinung: Moral ist keine Frage der Moral, sondern des Typs.

Der einzige Typ Mensch (nach Bernstein), der ein im Sinne des Wortes typisches Moralverhalten zeigt, ist der Believer. Er glaubt an den Lohn harter Arbeit, an Fairness und daher eben auch an die Moral. Der Kompetitive dagegen glaubt an alles, was die Dinge und seine Interessen voranbringt; seine Moral ist quasi eine Wettkampfmoral: *Vae victis!* – wehe den Besiegten. Der Rebell hält den Believer sogar für ein Weichei, weil dieser ständig über den moralischen Niedergang der Welt klagt, »anstatt es diesen Idioten mal so richtig zu zeigen«, wie mir ein Manager, unverkennbar Rebell, einmal beim Rotwein erklärte: »Moral ist was für Weicheier! Die ganzen hohlen Moraldiskussionen haben doch kein einziges Mal verhindert, dass wieder so eine inkompetente Pfeife befördert wird – anstatt eines Kollegen, der wirklich was drauf hat!«

Nehmen wir an, alle drei Typen seien in der Bevölkerung gleich verteilt – und schon springt uns eine Erklärung für die Unmoral der Welt und das Fortbestehen der Sklaverei im 21. Jahrhundert geradezu an: Die einzige Bevölkerungsschicht, die über ein gefestigtes Moralverständnis verfügt, befindet sich in der absoluten Minderheit. Zwei Drittel der Menschheit reden zwar manchmal davon, haben aber mit geübter Fairness, Gerechtigkeit und Moral wenig am Hut. Ich kann das so wenig wie Bernstein mit empirischen Daten untermauern oder daraus ein quantitatives Modell bauen. Aber als qualitative Erklärung ist es eine Erleuchtung:

Moral hatte nie eine Chance.

So gesehen müssen wir schon froh sein, dass Opportunismus und Rebellentum sich hierzulande nicht in Korruption und Krieg, sondern »lediglich« in Konsumsucht, Sklaverei und anderen Globalisierungsverbrechen austoben. Deprimierender Gedanke? Aber wir stehen noch ganz am Anfang.

## Die Bernstein-Triage

Möglicherweise ist die Massenflucht qualifizierter Frauen aus Topjobs lediglich eine Flucht ganz bestimmter Frauen: Es sind die weiblichen Believer, die das Schiff verlassen, sobald sie erkennen, dass auf der C-Ebene (der Ebene mit den »Chiefs«: Chief Executive Officer, Chief Procurement Officer, Chief Financial Officer) jeden Believer ein schweres Los erwartet. Was ist mit den kompetitiven Frauen? Von denen hört man keine Paukenschlag-Kündigungen. Die bleiben im System. Und die Rebellinnen kommen gleich gar nicht in die Verlegenheit, weil sie es dank ihrer fortdauernden Rebellion meist nicht über die Teamleiter-Ebene hinaus schaffen.

Wenn sich bei Männern wie Frauen tatsächlich die Believer nach einigen Jahren Erfahrung mit den üblichen Spielchen in modernen Organisationen systematisch vom Aufstieg nach ganz oben verabschieden und wenn Rebellen ihrer Natur gemäß nicht nach Karriere, sondern nach Kompetenz und fortwährender Rebellion streben, dann bleiben nur noch die Kompetitiven für die höchsten Positionen übrig – und schauen Sie sich mal unsere Vorstände an. Ihr Gruppenbild widerspricht nicht unbedingt der Hypothese der Adverse Selection, der widersinnigen Auswahl: Ausgerechnet die, die zwar mit Siegen auf Biegen und Brechen, aber dafür nicht so viel mit Moral am Hut haben, schaffen es nach ganz oben – weil jene mit dem Ballast des Gewissens oder der Lust auf Rebellion vorher schon aus dem Karriereaufzug ausgestiegen sind. Was dabei herauskommt, ist eine Variante des Peter-Prinzips:

Sobald der Zeithorizont weit genug gewählt wird, finden wir in den höchsten Positionen von Unternehmen, Politik, Wissenschaft (?) und Verbänden überwiegend Kompetitive. Also genau jene, die es mit der

Moral nicht so genau nehmen – dafür umso mehr mit dem eigenen Vorwärtskommen beschäftigt sind.

Die Bernstein-Triage erklärt auch, warum regelmäßig Leute mit Millionengehalt mit den Fingern in der Keksdose erwischt werden: Genug ist eben nie genug – für einen Kompetitiven. Er strebt nicht nach dem Pokal, sondern nach fortwährendem Wettkampf. Nach diesem Modell ist unsere Führungselite eben kein Spiegel der Gesellschaft, sondern der exklusive Club der Kompetitiven.

Das Bernstein-Modell ist deprimierend. Und es funktioniert sogar dann, wenn wir die postulierte Drittelverteilung aufgeben. Dann wird es richtig haarig: Ein einziger Apfel verdirbt den ganzen Moralkorb. Auf unser Leitmotiv in diesem Kapitel übertragen: Man braucht noch nicht einmal ein Drittel Kompetitive, um die globale Sklaverei aufrechtzuerhalten. Schon viel weniger davon zementieren die Sklaverei, wie wir gleich sehen werden.


## Unmoral ist selbstrekrutierend

Neulich beschädigte ein Krawall im Internet Ruf und Umsatz eines Unternehmens. Ein Bereichsleiter hatte jahrelang systematisch eine bestimmte Zielgruppe mit B-Ware zu A-Preisen versorgt. Wenn die Zielmärkte weitestgehend trennscharf sind, fliegt der Schwindel erst spät auf. Das war jedoch nicht der Punkt, an dem die Firmenmoral überkochte.

Der Punkt war: In diesem Bereich arbeiten einige Hundert Mitarbeiter. Den Schwindel angezettelt hatten aber lediglich ein Dutzend Manager und leitende Angestellte, weshalb sich Hunderte Mitarbeiter, Angehörige und Zeitungsleser fragten: »Wie können so wenige so viele in die Unmoral reißen?« Warum überstimmte die Mehrheit die Minderheit nicht einfach?

Weil die Minderheit über Disziplinargewalt verfügt? Das ist das Despotismus-Modell der Wirtschaft: Ober sticht Unter – aber dann wäre der Schwindel viel früher aufgeflogen, weil der gestochene Unter es umgehend den Medien gesteckt hätte. Despotismus funktioniert –

kurzfristig. Er kann nur leider nicht die Wirtschaft erklären, wie wir sie kennen. Dafür ist sie schon viel zu lange da. Selbst der schlimmste Despot wird irgendwann gestürzt, gemeuchelt oder stirbt altershalber. Die Wirtschaft in der gegenwärtigen Form ist dagegen weit älter als ein Menschenleben. Diese Erklärungsnot beseitigt der sich selbst rekrutierende Prozess der Unmoral – und das wusste schon das Sprichwort:

Ein fauler Apfel verdirbt den ganzen Korb.

Wie macht der Apfel der Globalisierung das? Nach dem Bernstein-Modell herzlich simpel: Kompetitive sind Meister der Anpassung. Sie wollen, dass sie selbst und ihre Projekte, Ideen und Konzepte vorankommen. Also passen sie sich an die vorgegebenen Regeln an. Sie geben jenen Menschen, von denen sie etwas wollen, das, was diese Menschen wollen. Do ut des, wie der Lateiner sagt. Gib, damit dir gegeben werde. Nichts Anrüchiges daran. Das ist im Prinzip das Prinzip der Reziprozität. Schon das Baby weint, damit es gestillt wird, die Mutter nimmt es hoch, das Baby gluckst beglückt – und beide sind zufrieden.

Der besagte Bereichsleiter hatte irgendwann beschlossen, dass wegen der quasi-hermetischen Heterogenität der Märkte im einen Markt der Konkurrenzpreis und im anderen eben ein höherer Preis durchsetzbar sei. Und da die Produktionskapazitäten begrenzt sind, blieb für diesen anderen Markt nur B-Ware.

Nehmen wir an, zum Zeitpunkt dieses grandiosen Beschlusses eines Einzelnen wäre die komplette Belegschaft moralisch integer; also alles Believer. Was wird sie tun? Sie wird das tun, was Rebellen und Believer in allen Unternehmen zu jeder Sekunde des Arbeitslebens machen: Sie tippen sich an die Stirn, distanzieren sich von der Unmoral und hintertreiben den Beschluss, wo sie können. Was machen die Kompetitiven?

## Wie der Apfel den Korb verdirbt

Kompetitive sind keine bösen Menschen. Sie sind Pragmatiker. Sie wollen sich und ihre Interessen voranbringen. Und als der Bereichsleiter allein auf weiter Flur die Sache mit der B-Ware beschließt und sich mit einer potenziellen Einheitsfront seiner Belegschaft konfrontiert sieht, ist diese Front eben nur potenziell. Faktisch sagen sich die Kompetitiven in der Belegschaft: »Erstens müssen wir Gewinn machen für unsere Shareholder und unsere Investitionen – je mehr, desto besser. Zweitens bezahlen die Kunden den Preis doch! Drittens: Wenn wir's nicht machen, machen es andere. Und viertens: Wir haben nun mal begrenzte Kapazitäten!« Und sie machen mit.

Plötzlich ist der Bereichsleiter nicht mehr der alleinige »Moralsünder«: Er hat »den Korb angesteckt«. Die Competitors riechen den Braten, schwenken auf die offizielle Linie um und die Kaskade stürzt in den Abgrund: Da die Kompetitiven meist Meinungsführer und Platzhirsche sind, reißen sie via Lemmingeffekt den ganzen Laden mit.

Die Believer könnten etwas dagegen tun – und das tun sie auch: Sie sind berechtigt betroffen und empört über die Unmoral der Welt. Aber da sie bei ihren Bemühungen um eine gerechtere Welt auf Treu und Glaube, Fairness und harte Arbeit anstatt auf die heimlichen Spielregeln der Macht setzen, können sie nichts oder nur wenig daran ändern – eben weil sie nicht die Spielregeln der Macht nutzen. Damit bleiben ihre gerechten Handlungen machtlos und ihre Anstrengungen durchsetzungsschwach.

Dasselbe gilt für Rebellen: Sie rebellieren zwar, setzen dafür aber auf ihre überragende Fachkompetenz – und die kann gegen heimliche Spielregeln nichts ausrichten. So wird Unmoral gemacht: Eine Handvoll »böser Menschen« oder oft sogar ein einziger Mensch steckt die größere Gruppe der Kompetitiven an – und die anderen beiden Typengruppen schweigen hilflos oder frustriert.

> »The only thing necessary for the triumph
> of evil is for good men to do nothing.«
>
> *Edmund Burke*

> »Die Welt wird nicht bedroht von Menschen, die böse sind,
> sondern von denen, die das Böse zulassen.«
>
> *Albert Einstein*

Wussten wir es nicht längst? Management ist unmoralisch. Management ist böse und gehört umgehend abgeschafft. Aber die Kaskade des Bösen funktioniert auch unter umgekehrten Vorzeichen.

Nachdem der alte Bereichsleiter wegkomplimentiert wurde, sagt sein Nachfolger:»Ab sofort weht hier ein anderer Wind. Solche Skandale können wir uns nicht mehr leisten. Ab sofort gilt: Preistransparenz und Preisfairness!« Wer waren die ersten, die stehend applaudierten und sich ein Wettrennen um den ersten Platz in Preisfairness lieferten? Eben. Die Kompetitiven: Was zu beweisen war.

Wenn das so ist, warum setzt dann nicht Adam Smiths unsichtbare Hand der Märkte einfach auf jeden Bereichsleiterposten einen Believer? Macht sie doch! Sie setzt. Aber keine Believer, sondern ...

## Rüpel, Narzissten, Histrioniker

Wer wissen will, warum »wenige Believer und Frauen im Topmanagement sitzen«, wie eine frustrierte Kollegin meint, »der braucht lediglich den Fernseher einzuschalten: Woher sollen die Rechtschaffenen im Topmanagement denn kommen?« Aus der TV-Gesellschaft sicher nicht.

Die Kultur der Respektlosigkeit ist nicht nur aufs TV beschränkt, sondern inzwischen ubiquitär, allgegenwärtig. Wenn zum Beispiel Eltern sich über ihre »Pubertiere« beklagen, ist die häufigste Nennung: mangelnder Respekt. »Sie glauben nicht«, klagt eine Mutter, »was ich mir von meiner Tochter alles anhören muss. ›Doofe Kuh‹ ist noch harmlos.« Lehrer, Ausbilder und Trainer berichten Ähnliches. Das Internet ist in weiten Teilen zu einer Nonstop-Schlammschlacht von Hate-Bloggern und Digital-Mobbern degeneriert; sogenannte »Trolle«, wie sie der Internet-Jargon nennt. Oder wie Sascha Lobo meint: »Das Internet ist kaputt.«

> »Rudeness is the weak man's imitation of strength.«
>
> *Edmund Burke*

Mit Rüpeleien imitiert der schwache Mann Stärke. »Im Fernsehen ist respektloses Verhalten fast Kult«, kommentiert die Psychologin Elisabeth Raffauf (im *Katholischen Sonntagsblatt*). »Dieter Bohlen, Heidi Klum und Stefan Raab putzen junge Kandidatinnen und Kandidaten in ihren Shows herunter und werden dafür gefeiert. ›So wird man erfolgreich‹, lernen junge Zuschauer unter Umständen daraus.«

Die massive gesellschaftliche Rüpelhaftigkeit ergänzt sich mit der Verklärung des Histrionischen und Narzisstischen zu einem perfekten Dreieck der Gegenwartskultur:

1. Zentrale Botschaft unserer Kommunikation ist: Abwertung! One up, one down (Watzlawick): Wenn ich dich trete, stehe ich automatisch über dir.
2. Die üblere Abwertung ist die bessere Abwertung, weil sie mehr Applaus einbringt (Histrionik): Je übler, desto besser.
3. Wir können uns jede Respektlosigkeit leisten, denn wir sind besser als die, die wir respektlos behandeln (Narzissmus): Uns kann keiner!

Wie sollen unter diesen sozio-kulturellen Umständen Believer auf den C-Level kommen – oder überhaupt ins Management, in die Politik oder an die gesellschaftlichen Schaltstellen? Respektlosigkeit, Narzissmus und Histrionik sind die aktuellen Säulen unserer Kultur. Man möchte sich übergeben.

## Respektlos, beziehungslos

Angesichts der grassierenden Rüpelhaftigkeit moderner Zeiten stimmen viele ein Lamento über den Verfall der Sitten an. Leider sind Lamentos ebenfalls ein histrionisches Symptom: Wer lamentiert, spekuliert auf Beifall oder Mitleid, also auf Aufmerksamkeit – das Futter des Histrionikers. Wer lamentiert, ergründet nicht die wahren Ursachen der Rüpelei und verbaut damit die Chance auf Heilung. Denn Respektlosigkeit ist leider »nur« Symptom:

Ich meine damit ausdrücklich nicht nur die Fähigkeit zur romantischen Beziehung, sondern ganz generell unsere Fähigkeit, in Beziehung zu uns und anderen Menschen zu treten. Diese (fehlende) Beziehungsfähigkeit ist die eigentliche Ursache hinter dem Rüpeleisymptom. Ein schönes Beispiel für die um sich greifende Beziehungsunfähigkeit liefert ein Vertriebstrainer.

Er erzählt: »Ich frühstücke auf meinen Reisen gerne in 5-Sterne-Hotels. Nicht nur wegen des exzellenten Büfetts, sondern weil sich da meine Kunden von morgen ausstellen. Ich gehe in den Frühstückssaal und ich grüße selbstverständlich jeden, der mit mir Blickkontakt aufnimmt. Allein das sind schon wenige. Dann setze ich mich und beobachte übers Müsli die Tür. Neun von zehn Managern kommen rein, schauen nicht links und nicht rechts, ziehen das Genick ein und laufen grußlos verkrampft an ihren Platz. Das soll souverän sein? Die schaffen es nicht mal, stumm zum Gruß zu nicken. Und so was will Menschen führen? Wie soll das gehen, ohne Beziehungsfähigkeit?«

> » ... being connected to everything,
> while being unable to connect to anything.«
>
> *Timothy Egans Definition des modernen,*
> *digital voll vernetzten und gleichzeitig beziehungsunfähigen*
> *Menschen in* The New York Times International Weekly *(2014)*

Eben das ist das Postulat des modernen Managements wie des modernen Konsums: »Es muss auch ohne Beziehung gehen!« Ich ordere zwei Tonnen Pressteile in Malaysia – aber der Mann an der Presse geht mich nichts an. Ich schäle eine Banane, aber das Leid des Plantagensklaven, das daran klebt – igitt, wollen Sie mir den Appetit verderben? Das ist kein Zufall. Das ist Verdrängung.

Ohne diese Verdrängung würde die Globalisierung samt ihrer Sklaverei heute noch in sich zusammenbrechen. Wer nicht Beziehung kann, kann auch nicht Moral. Unter diesem Aspekt betrachtet gewinnt das Moralproblem eine ganz neue Seite: Wie bringt man modernen Menschen Beziehung bei?

## Die Mini-Salami der Moral

Eine junge Managerin übernimmt eine alte Abteilung und sagt:»Meine 17 Mitarbeitenden sind wie ein altes Ehepaar: Reden nicht miteinander, und wenn, dann murren, bellen und zischen sie sich an. Beziehungskatastrophe!«. Der Organisationspsychologe vor Ort sagt:»Deine Abteilung bräuchte erst mal eine Gruppentherapie.« Therapie? Zu groß, zu stigmatisierend, zu zeitraubend: Bitte nicht die ganze Salami auf einmal!

Wenn Menschen an Veränderungen (Diät, mehr Sport, mehr Zeit mit der Familie, mehr Moral ...) scheitern, machen sie meist »mangelnde Disziplin«, Zeitmangel, sich gegenseitig oder die Umstände verantwortlich. Tatsächlich liegt es weder am einen noch an den anderen. Es liegt an der Strategie. Too big!

Deshalb lautet ein Prinzip des Change Managements:

Too small to fail: Mini-Habits.

Sobald eine Salami-Aufgabe nur in ausreichend kleine Stücke zerlegt wird, können Sie praktisch nicht mehr scheitern. Und scheitern Sie doch, ist die Aufgabe noch nicht klein genug zerlegt. Atomisieren nennt man das. Die Jungmanagerin atomisiert. Sie gibt für Meetings und Arbeitsbesprechungen ihrer in heilloser Beziehungslosigkeit zerstrittenen Mitarbeitenden folgende vier Mini-Habits aus:

1. Wir grüßen uns.
2. Wir sagen Bitte.
3. Wir sagen Danke.
4. Wir sagen Entschuldigung.

Wenn ich Manager frage, ob sie »Bitte« und »Danke« sagen, behaupten alle: »Ja! Natürlich! Wofür halten Sie mich?« Wenn ich ihre

Mitarbeiter frage, fällt die Antwort meist anders aus ... Was hat ein höflicher Gruß mit Moral zu tun? Überspitzt:

Wer nicht grüßt, ruiniert auch mexikanische Kleinbauern. Der Mangel an Respekt und die dafür verantwortliche Beziehungslosigkeit ist Ursache für beides.

Die Jungmanagerin teilt diese Hypothese; sie sagt: »Wie wollen wir von Corporate Governance, Sustainable Supply Chains oder unserer Verantwortung gegenüber der Gesellschaft reden, wenn wir uns nicht einmal gegenseitig in die Augen sehen können?« Wir müssen ganz klein anfangen. Bei »Bitte« und »Danke«. Das ist kindisch? Sicher.

Aber weitaus weniger kindisch als 17 erwachsene Rebellen, Believers und Kompetitive, die sich so spinnefeind sind, dass es nicht einmal zu einem morgendlichen »Hallo!« langt. Demnächst möchte die Managerin noch »Wie geht es Ihnen?« einführen. Ich weiß, das klingt absurd. Absurd ist jedoch nicht die Intervention, sondern die Beziehungslosigkeit. Der Erfolg ihrer moralbildenden Mini-Habits zeigt sich bereits. Diese Baby-Schritte wirken wie Nudges (s. Kapitel 5): »Seit die Leute sich grüßen, brüllen sie sich in Meetings weniger an. Wen man grüßt, dem geht man nicht so leicht an die Gurgel. Eine Art Beißhemmung.« In anderen Worten: Moral. Aber – Moment mal: Ist das dann überhaupt noch Moral? Nein, das ist Moralerziehung. Erinnern Sie sich an Ihre Kindheit? Mussten die Eltern Sie nicht auch eine Zeit lang penetrant dazu anhalten – »Wie sagt man?« –, Bitte und Danke zu sagen? Auf diese Weise lernen wir nicht nur Höflichkeitsfloskeln, sondern via Habituierung, Gewohnheitsbildung, auch so etwas wie ein Gefühl für andere Menschen. Wenn wir in der Entwicklung dieses »Gefühls für andere Menschen« nicht bei der Grußformel stehen bleiben, sondern die Grußformel lediglich als Beginn einer Bemühung auffassen und die Bemühung nach und nach ausdehnen, bis sie am Ende auch den mexikanischen Kleinbauern erfasst – dann haben wir eine Erziehung im umfassenden Sinne erlebt und erreicht.

Das mag ja alles stimmen. Aber wie soll man mit Bitte und Danke die echten Moralmonster bekehren? Die Psychopathen, die Regierungen zur Geisel nehmen und ganze Nationen ruinieren? Die echten Sklavenhalter, die Plantagenarbeiter ohne Schutzausrüstung Pestizide ausbringen lassen, die in jedem Krieg sofort ABC-Alarm auslösen würden?

## Ist das Böse therapierbar?

»Die Gesellschaft verroht, die Menschen werden immer selbstbezogener«, meint Werner Bartens, der Chef-Mediziner der *Süddeutschen Zeitung*. Man muss kein Schwarzseher sein, um das zu unterschreiben. Wir leben nun mal in einer narzisstisch-histrionischen Kultur der Respektlosigkeit. Wer Ellbogen zeigt und/oder große Sprüche klopft, setzt sich tendenziell gegen fachkompetente, anständige, charakterlich integre Menschen durch. Dafür können der Narzisst und selbst der Psychopath nichts.

Beiden fehlt das Gefühl für den Mitmenschen, das Mitgefühl.

Nicht aus bösem Willen oder Vorsatz. Doch der Narzisst kreist derart um seine eigene Person, dass seine Wahrnehmung andere Menschen schlicht nicht mehr erfassen kann: »Ja, ja, die Sklaven auf den Bananenplantagen – was ist mit denen? He, ich arbeite auch ganz schön hart.« Wir kennen den Typ. Egozentrisch, egomanisch, egoistisch.

> »Überlässt man den Kapitalismus sich selbst, bringt er Menschen hervor, denen vage bewusst ist, dass sie kein spirituell erfülltes Leben führen, dass sie nicht besonders gut darin sind, ein solches anzustreben, dass sie im Übrigen keine Zeit dafür haben, und die, wenn sie dann einmal Selbstverwirklichung suchen, in wahllosen Beschäftigungen und Zeitgeist-Religionen landen. Um zu überleben, müsste der Kapitalismus in eine Kultur der Moral eingebettet werden, die sich an ihm reibt und Werte anbietet, die auf Moral und nicht auf Geld basieren. Der individuelle Ehrgeiz, den der Kapitalismus befeuert, bedroht permanent die Gegenkultur, die er zum Überleben braucht.«
>
> *David Brooks in* The New York Times International Weekly
> *(2014, Übersetzung der Autorin)*

Es gibt genügend Wissenschaftler und Bestsellerautoren, die von einem »Narzisstischen Zeitalter« sprechen. In so einem Zeitalter ist die Moralfrage rein rhetorisch: Narzissten, Antisoziale, Psycho- und Soziopathen kennen keine Moral. Denn Moral ist nun einmal an die Wahrnehmung anderer Menschen gebunden – und die hat ein Narzisst nicht. Er hält seine eigenen Bedürfnisse nicht für die wichtigsten, sondern für die einzigen. Unbewusst. Unverbesserlich. Unbelehrbar? Bisher schon.

Viele Psychotherapeuten versichern:»Narzissten sind im Grunde nicht therapierbar. Es sei denn, sie weisen sich selber ein. Was sie nicht tun. Warum auch? Sie sind doch schon die Besten, Tollsten und Größten – wozu also Therapie?« Wenn das stimmt und wenn man unser Zeitalter tatsächlich als narzisstisch bezeichnen kann, ist an dieser Stelle das Buch beendet: zwecklos, nutzlos, hoffnungslos.

Erica Hepper von der Universität Surrey ist da anderer Meinung. Sie und ihr Team untersuchten 300 narzisstische Freiwillige. Sie zeigte den Probanden der Kontrollgruppe ein zehnminütiges Video, in dem eine Frau Opfer häuslicher Gewalt wurde: keine Reaktion. Die Kontroll-Narzissten saßen gleichgültig vor dem Bildschirm, kein Anstieg der Herzfrequenz, keine erkennbare Stressreaktion, kein messbares Mitgefühl – das Video hatte ja nichts mit ihnen zu tun.

Den Probanden in der Experimentalgruppe wurde nun nicht das Handbuch der Moralerziehung, der Umerziehungs-Gulag oder der Ethik-Bachelor verpasst, sondern vor dem Video mit der Misshandlung eine simple Bitte (Nudge! Mini-Habit!) mitgegeben:»Bitte versuchen Sie, sich vorzustellen, wie sich die misshandelte Frau fühlt.« Was passierte? Prompte Stressreaktion. Erhöhte Herzfrequenz, verstärkte physiologische Aktivierung, vulgo: Mitgefühl.

Die niederländischen Neurowissenschaftler Valeria Gazzola und Christian Keysers zeigten, dass auf diese Art und Weise sogar Psychopathen so etwas wie Mitgefühl entwickeln können. Das lässt hoffen.

## Hoffnung: Die Empathiefrage

Anscheinend gibt es Hoffnung für die Moral. Das Böse ist therapierbar, der Sklavenhalter auch. Man braucht für eine erfolgreiche Therapie noch nicht einmal Dr. Freud.

Es reicht für einen hoffnungsvollen Beginn, für erste Erfolge, für eine Alltagsroutine der aktiven Moralpflege und für eine Art »Erhaltensdosis der Moral« bereits, Sklavenhaltern – also uns allen – freundlich die Frage zu stellen: »Was meinst du – wie fühlen sich die Sklaven in den Minen, wenn Sie für dein Smartphone Erze schürfen? Wie fühlt sich der Plantagen-Sklave, wenn er für dein T-Shirt vergiftet wird?«

Man sollte als Antwort auf die Frage sicher keine Spontanheilung erwarten – gemessen in verändertem Konsum- oder, schwieriger noch, Managementverhalten. Doch der Mensch ist ein Gewohnheitstier. Wenn man mir die Frage nur oft genug stellt, dann macht es mir die Macht der Gewohnheit schon fast unmöglich, zum falschen Honig zu greifen. Wie die empirische Forschung andeutet, braucht die Empathiefrage nur oft genug wiederholt zu werden, dann verfängt sie selbst bei Psychopathen. Das ist zugleich Hoffnung und Auftrag:

Man muss im Angesicht von Unmoral nicht hilflos schweigen. Reden nützt. Noch besser ist es, die Empathiefrage zu stellen. Wiederholt. Insistent. Bis sich beobachtbare Ergebnisse einstellen.

Nicht nur anderen können und sollten wir die Frage stellen und sie uns von anderen stellen lassen. Auch uns selbst können und sollten wir die Frage stellen. In diesem Sinne verpassen wir der Kapitelüberschrift »Wie lange wollen Sie noch Sklavenhalter sein?« ein über das Kapitel hart erarbeitetes Upgrade zur Frage nach der Empathie: »Lieber Sklavenhalter – wie fühlen sich wohl deine Sklaven bei deinem nächsten Konsumakt respektive deiner nächsten Managemententscheidung?«

Machen wir es uns selbst zur Gewohnheit, diese Frage fallweise zu spezifizieren: Wie fühlen sich die Näherinnen in Bangladesch, während ich weiter unzertifizierte Kleidungsstücke kaufe? Wie fühlt sich mein Kind, wenn es in Jeans zu Opas Geburtstag will und ich ihm ex cathedra »die gute Hose« aufbrumme? Wie fühlt sich ein Studierender, der wegen zwei Punkten durch die Klausur rasselt, wenn ich ihm bescheide, er hätte »eben mehr lernen« sollen?

Wir haben, weiß Gott, Anlass genug, uns zumindest diese eine kleine Frage zu stellen.

>>We have met the enemy and he is us.<<

*Pogo*

>>Ein Trauerspiel ist das. Nur: Das bedeutet ja nicht, dass man es nicht weiter versuchen sollte. Ich meine, die Welt ist träge, die Gesellschaft auch. Es hat uns zehn Jahre gekostet, um den Vietnamkrieg zu beenden, dabei dachten wir, wir schaffen das in einem Jahr. Das liegt in der Natur der Dinge. Aber es heißt ja nicht, dass wir uns umdrehen, alle viere von uns strecken und aufgeben sollten. Ich für meinen Teil werde das jedenfalls nicht tun.<<

*David Crosby*

## EIN WUNSCH STATT EINES NACHWORTS

Nicht die Globalisierung an sich ist das Problem. Wir sind das Problem. Wir nehmen sie als gegeben hin, ohne sie profund auf den Prüfstand zu stellen. Unser Umgang mit ihr spiegelt unseren Umgang mit dem Kapitalismus wider, den wir häufig als Triebfeder der Globalisierung sehen. Wir kennen die mit beiden verbundenen Probleme, aber einen wirklichen Lösungsversuch unternehmen wir nicht.

>>Die ganze Kapitalismuskritik krankt daran, dass sie zwar eine Fülle seiner Mängel und Fehler zutreffend erkannt und beschrieben hat, aber nicht wahrhaben will (...), dass er sich in den Hirnen und Herzen von mittlerweile Milliarden von Menschen eingenistet hat und deren Denken, Handeln und Fühlen von Grund auf prägt. Diese Menschen mögen den Kapitalismus nicht lieben, möglicherweise verachten oder hassen sie ihn sogar. Aber sie können und wollen nicht von ihm lassen.<<

*Meinhard Miegel in der* Frankfurter Allgemeinen *(2014)*

Warum sollten wir trotzdem einen Lösungsversuch wagen? Warum sollten wir versuchen, zumindest mit den in diesem Buch beschriebenen und anderen Ansätzen auf die Fehlentwicklungen von Kapitalismus und Globalisierung einzuwirken?

Weil es besser ist, Teil der Lösung als Teil des Problems zu sein. Man muss für seine seelische Gesundheit arbeiten. Man bekommt sie nicht geschenkt. Das sagt der singende Poet.

Die »ganz normale« Hausfrau und Mutter, eine entfernte Bekannte, sagt dazu: »Es läuft im Moment so viel schief auf der Welt, das Elend ist so groß. Wenn ich da wenigstens ein bisschen etwas mache, wo ich kann, fühle ich mich nicht so hilflos, ausgeliefert und unbedeutend.« Den richtigen Honig zu kaufen kann vor Hilf- und Bedeutungslosigkeit retten?

Ja, so einfach ist das. Das sind die kleinen Unterschiede, die den großen Unterschied machen. Erstaunlich, nicht? Moral hat einen phänomenalen Leverage-Effekt, eine unglaubliche Hebelwirkung, ist geradezu der Inbegriff der Effizienz: maximale Wirkung mit minimalem Aufwand. Es wird uns leicht gemacht, anständig zu leben. Natürlich hat es der Anständige nicht leicht im Leben. Noch ist er in der Minderheit.

> *»Im Grunde waren Sie Ihr Leben lang eine Außenseiterin.«*
>
> *»Das stimmt.«*
>
> *»Fühlen Sie sich deswegen eher besonders oder hilflos?«*
>
> »Ich ziehe Energie und Glück daraus. Es ist mein Charakter, meine Natur. Und solange ich im Einklang mit meinem Charakter handle, fühlt es sich richtig an. Wer anfängt, sich selbst zu belügen, wird notwendigerweise unglücklich. Man muss seinem Charakter entsprechend handeln, auch wenn am Ende eine Niederlage steht, weil die Alternative eine größere Niederlage wäre.«
>
> *Die ungarische Philosophin Agnes Heller im SZ-Magazin (2014)*

Besser kann man es nicht sagen. Höchstens nach Shakespeare: »This above all: to thine own self be true.« Das oberste Prinzip: Sei dir selber treu. Wobei Shakespeare auch die Konsequenzen dieser Authentizität betont: »And it must follow, as the night the day, Thou canst not then be false to any man.« Wer dieses oberste Prinzip befolge, für den folge wie die Nacht auf den Tag, dass er sich nicht falsch verhalten könne gegenüber keinem. Wer authentisch ist, ist moralisch. Was ist mit dem »authentischen« Mörder? Shakespeare würde sagen: Den gibt es nicht. Wer authentisch ist, mordet nicht. Wer authentisch ist, wer also im Einklang mit seinen tiefsten, nicht seinen introjizierten oder kompensatorischen Bedürfnissen steht, hat kein Bedürfnis, anderen zu schaden. Ganz im Gegenteil.

Er oder sie hat ein starkes Bedürfnis, sowohl mit sich als auch mit anderen in Harmonie zu leben; beides bedingt sich gegenseitig: Wer sich moralisch verhält, erhält sich langfristig, also über eine ganze Lebensspanne betrachtet, seine geistige Gesundheit und persönliche Integrität. Integrität und Moral bedingen sich gegenseitig. Auch und gerade in Zeiten der Globalisierung. Ich kann das nicht beweisen – aber ich bekenne mich dazu.

Ich kann und will die Globalisierung weder in ihrer Gesamtheit verteufeln noch abschaffen. Abschaffen kann man sie nicht, weil man damit auch die Chancen abschaffen würde, die sie bietet – auch die moralischen, die wir aber viel zu selten nutzen. Und verteufeln ändert nichts an ihren Nachteilen. Genau das ist schließlich das Problem: Identifizierte Probleme und Kritik sind gut. Sie schärfen das Bewusstsein und sind Grundlage für die Fehlerbehebung, aber sie allein ändern noch nichts. Dabei geht es nicht um »Globalisierung: Ja oder Nein?«, sondern um: Wie können wir es besser machen? Wenn wir Konsumenten nicht nur nach »Geiz ist geil« einkaufen würden, wenn wir Managerinnen und Manager nicht nur kosteneffizient Lieferanten squeezen und Topmanager nicht nur über Corporate Governance, sondern auch über Moral Governance nachdenken würden, wäre das ein Segen für uns alle.

Vielleicht können wir die Welt nicht retten. Aber wenn wir auch nur die Hälfte der kleinen Schritte tun, die wir tun können, und uns nach Zögern und Zaudern und tausend Ausreden endlich dazu durchringen und uns nach jedem kleinen Schritt was schämen und doch stolz sind, dass wir Globalisierungsgeschädigten es überhaupt so weit bringen und uns zaghaft mutig an den nächsten kleinen Mini-Schritt wagen und das Jahr für Jahr durchziehen, retten wir die Welt vielleicht doch.

Wenn nicht, retten wir wenigstens unsere geistige Gesundheit und den Respekt unserer Kinder. Das wär' doch schon was.

Ich wünsche es uns.

# MIT DANK

Die Globalisierung ist eine Kollektivveranstaltung – wie dieses Buch. Für den Joint Effort möchte ich mich bei meinem Lehrstuhlteam und meinen Studierenden bedanken für ihre vielfältigen Anregungen und bei meinen Kolleginnen und Kollegen für den Freiraum bei der Verfolgung geistiger Herausforderungen, den sie mir für solche Exkurse in fachgebietsüberschreitende Sphären zugestehen.

Ich widme das Buch meinem Vater. Seine Agilität, Schaffenskraft und Neugier auf alles, was Leben ist, haben mich bei jeder Seite inspiriert.

Mein besonderer Dank geht an meine Familie und insbesondere an meinen Mann. Sie haben mich bei der immerhin von der gemeinsamen Familienzeit abgehenden Manuskriptarbeit stets geduldig und ermunternd unterstützt.

Ganz herzlich bedanke ich mich bei Matthias Fifka für seine minutiöse und präzise Durchsicht des Manuskripts und seine sehr pointierten inhaltlichen Anregungen. Sven Markert möchte ich stellvertretend für alle Industriepartner und Sponsoren des Lehrstuhls danken. Ihnen verdankt das Buch etliche tiefere Einblicke in die gelebte Praxis des internationalen Managements sowie eine Fülle von authentischen (wenn auch anonymisierten) Praxisbeispielen.

Mein Dank geht an Edda Feisel für ihre moralische und engagierte Unterstützung für das Buchprojekt von Anfang an und an Simone Schlytter-Henrichsen für ihr Feedback zum Manuskript. Bedanken möchte ich mich bei Claudia Maurer, die den Kontakt zum Verlag herstellte, und natürlich bei Campus und insbesondere bei Waltraud

Berz, die mit ihren unermüdlichen Appellen an das strukturelle Gerüst des Manuskripts sehr zur Klarheit der Botschaft des Buches beigetragen hat.